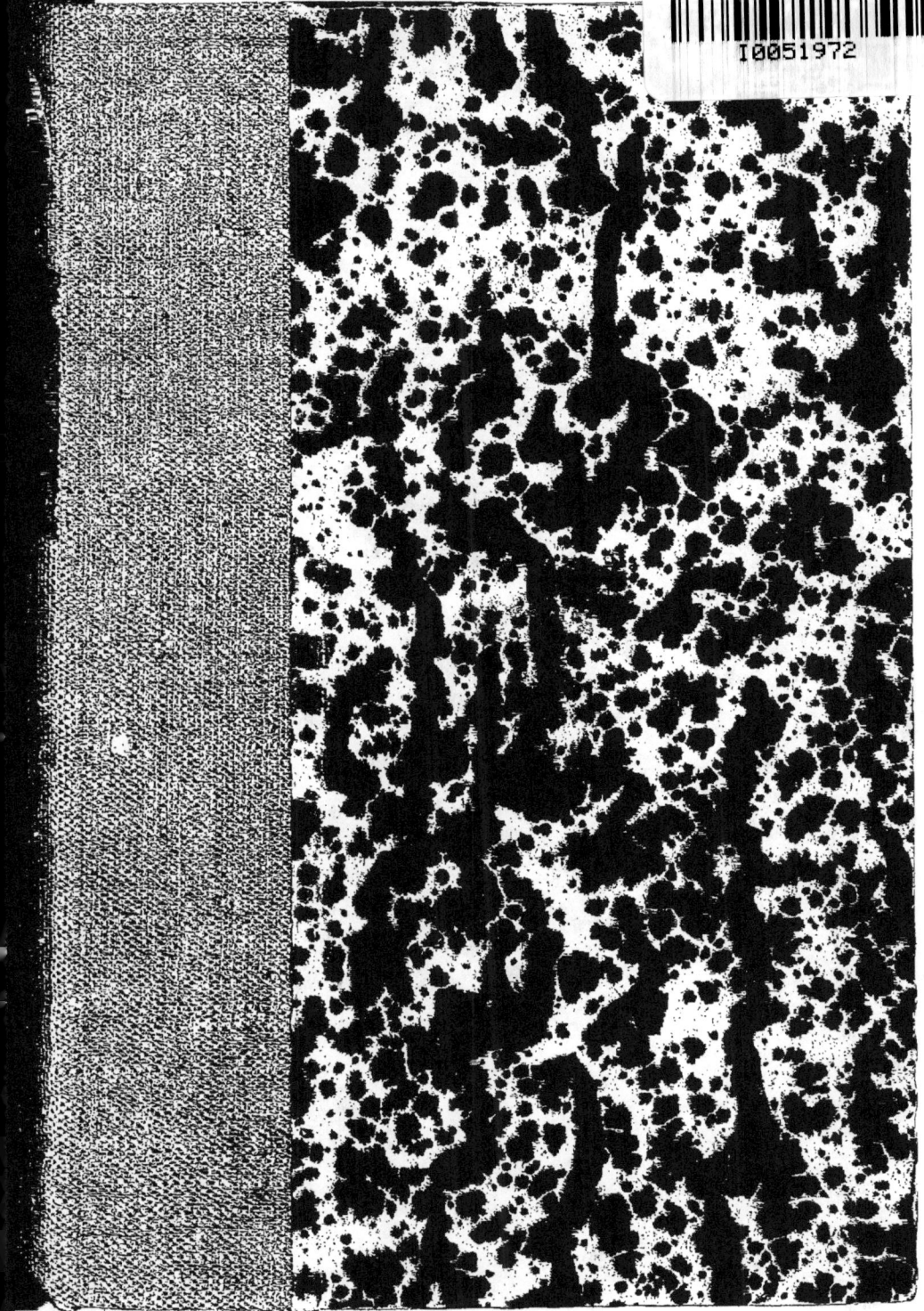

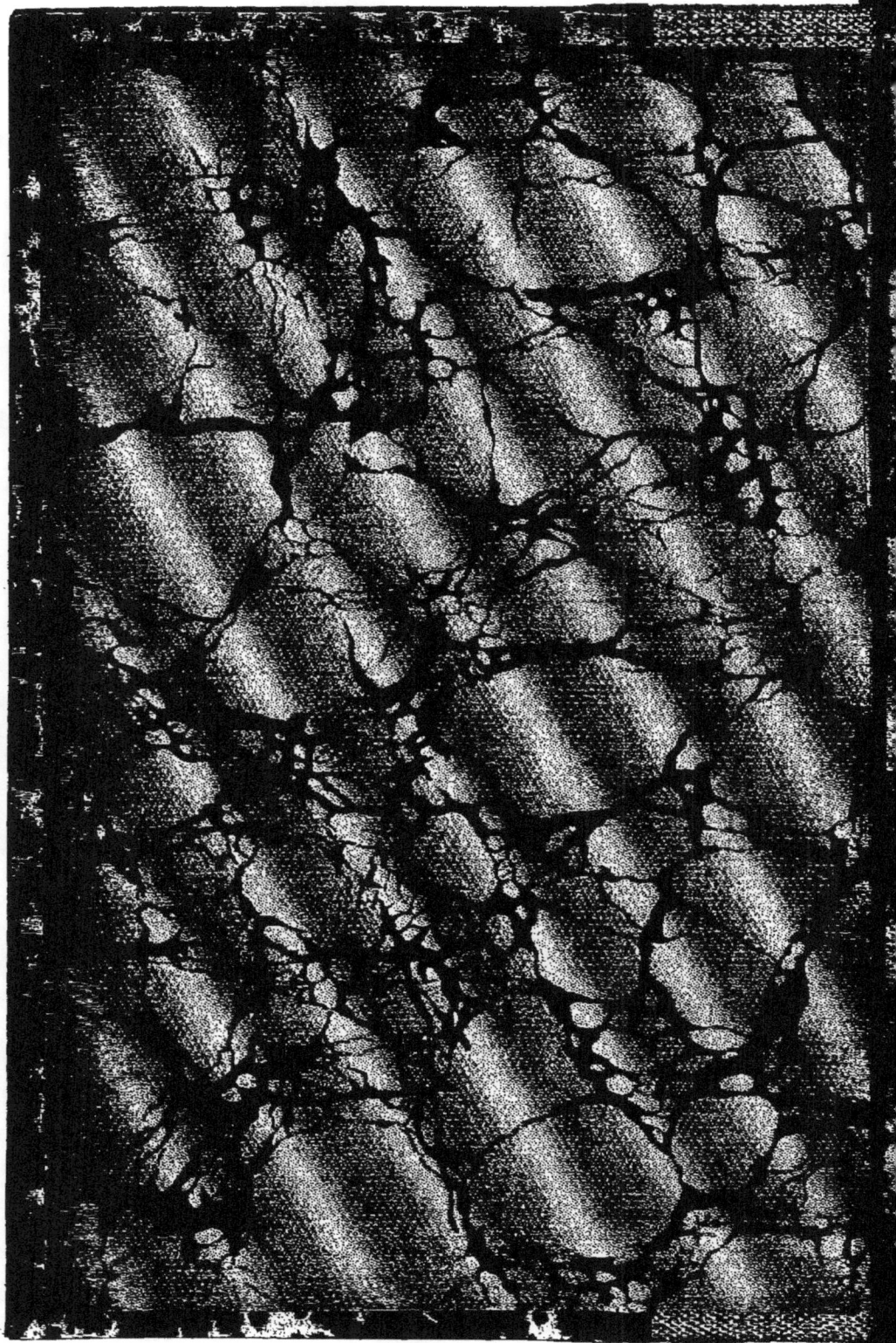

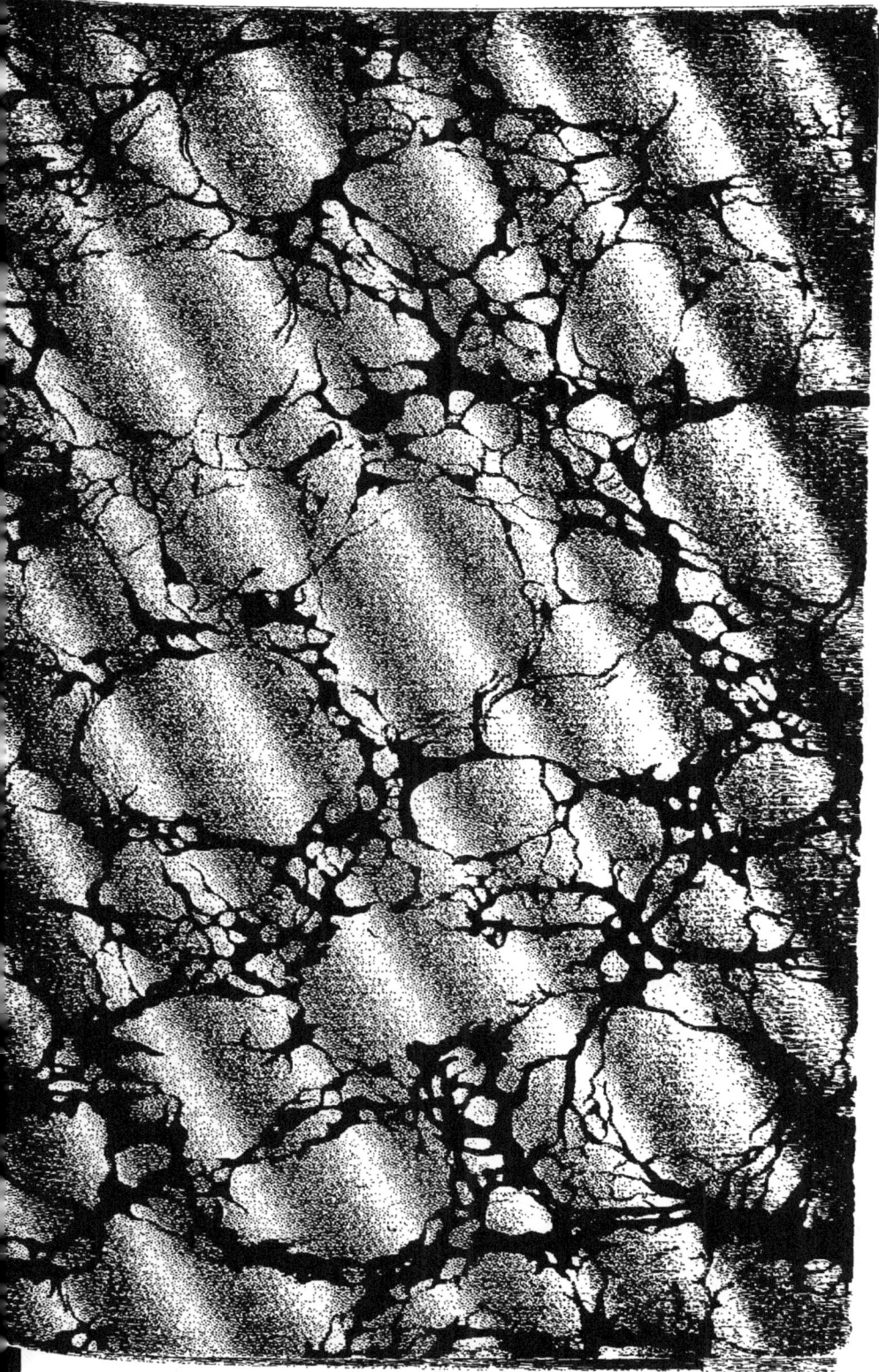

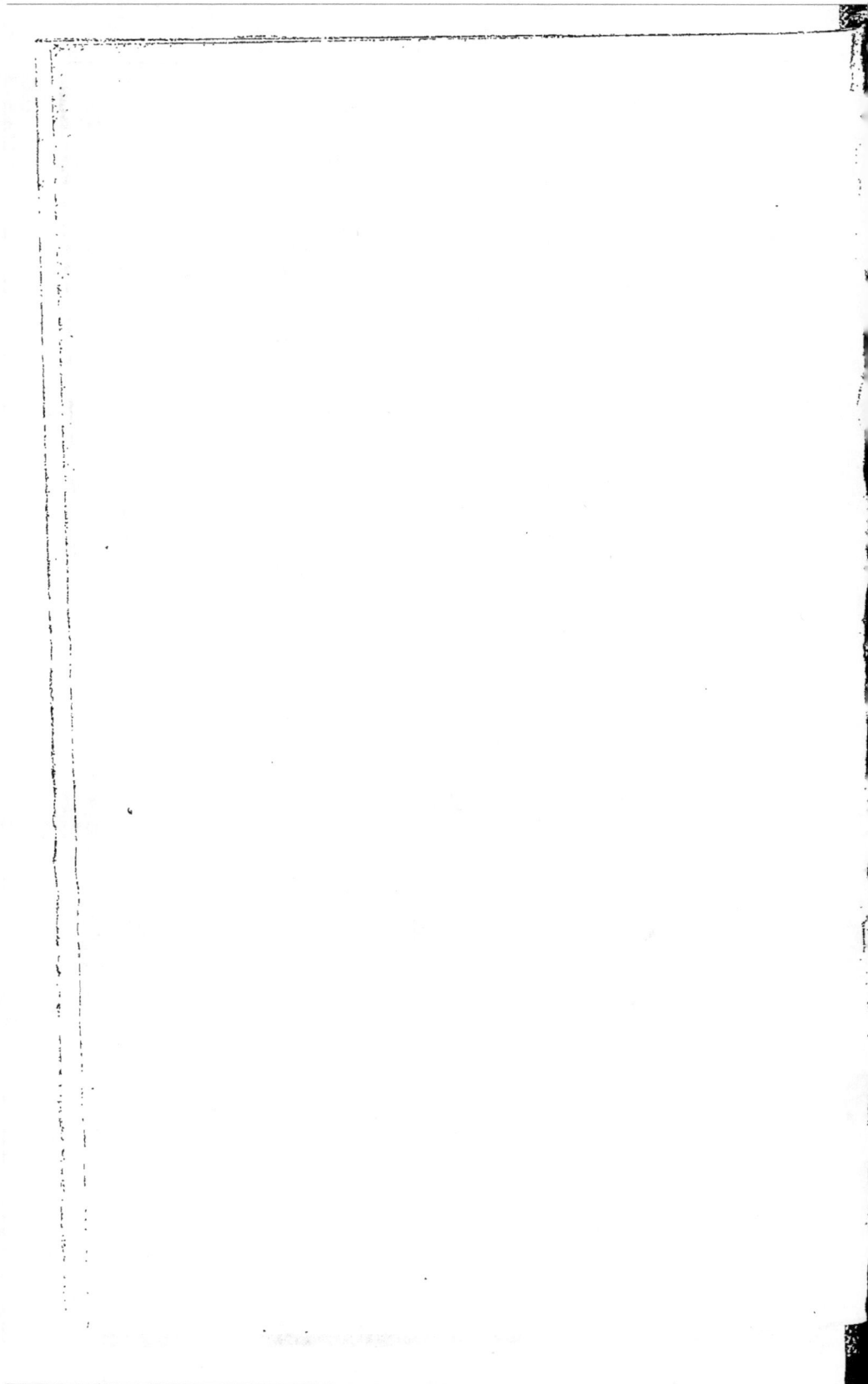

NOUVELLE ENCYCLOPÉDIE PRATIQUE
DU BÂTIMENT ET DE L'HABITATION

RÉDIGÉE PAR

René CHAMPLY, Ingénieur

avec le concours d'Architectes et d'Ingénieurs spécialistes

QUATRIÈME VOLUME

Charpentes en Bois
et Échafaudages

AVEC 492 FIGURES DANS LE TEXTE

PARIS

LIBRAIRIE GÉNÉRALE SCIENTIFIQUE ET INDUSTRIELLE

H. DESFORGES

29, QUAI DES GRANDS-AUGUSTINS, 29

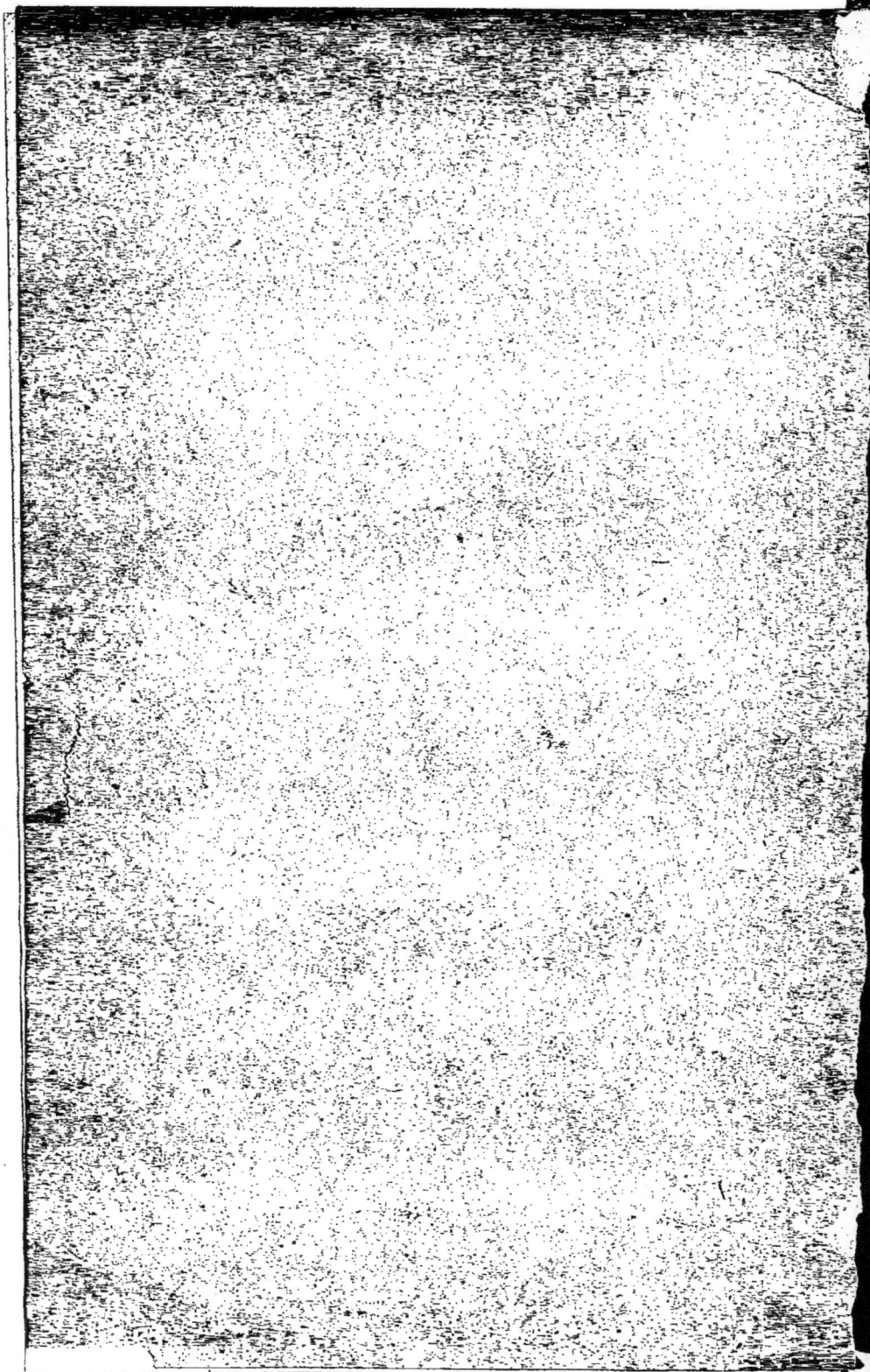

CHARPENTES EN BOIS

ET

ECHAFAUDAGES

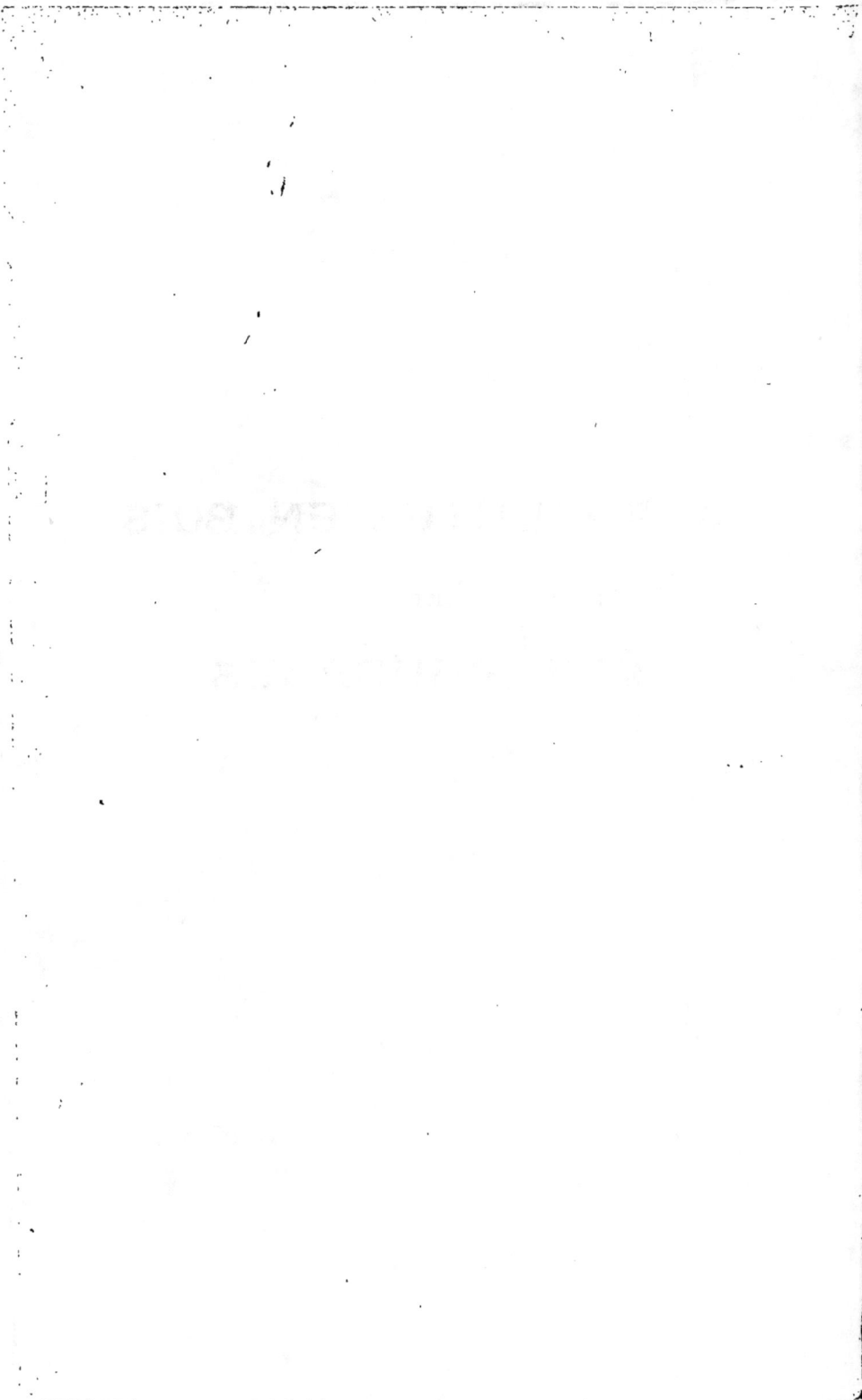

NOUVELLE ENCYCLOPÉDIE PRATIQUE
DU BATIMENT ET DE L'HABITATION

RÉDIGÉE PAR

René CHAMPLY, Ingénieur

avec le concours d'Architectes et d'Ingénieurs spécialistes

QUATRIÈME VOLUME

Charpentes en Bois et Échafaudages

AVEC 192 FIGURES DANS LE TEXTE

PARIS

LIBRAIRIE GÉNÉRALE SCIENTIFIQUE ET INDUSTRIELLE

H. DESFORGES

29, QUAI DES GRANDS-AUGUSTINS, 29

PRÉFACE

L'art de la charpente est aussi vieux que le monde, puisque l'homme a toujours dû se mettre à l'abri des vents, de la pluie, du froid et de la chaleur ; mais jadis les bois étaient abondants et bon marché, les charpentiers les employaient avec une grande prodigalité dont on peut se rendre compte en examinant les anciens planchers à la Française dont il reste encore de nombreux spécimens. De nos jours le prix des bois a considérablement augmenté ; le déboisement et l'emploi des bois tendres pour la fabrication du papier ne permettent pas de prévoir une baisse de leurs prix, au contraire.

Le charpentier ne doit donc employer dans ses ouvrages que le moins possible de bois tout en conservant les conditions nécessaires de sécurité : l'art de la charpente est ainsi devenu une science dans laquelle le calcul des résistances des bois et des fers tient la première place.

Depuis plus de deux cents ans cette préoccupation d'économie des bois existe et nous lui devons les premiers travaux de Galilée, de Buffon, Rondelet et autres savants sur les charges que peuvent supporter les poutres.

Dans ce petit livre, nous indiquerons surtout les méthodes permettant de construire des charpentes solides et économiques, ce qui répond aux besoins actuels.

René CHAMPLY.

Nouvelle Encyclopédie Pratique
DU BATIMENT ET DE L'HABITATION

CHAPITRE PREMIER

Des Bois de Charpente

Les seuls bois employés dans les travaux d'entre-preneur de charpente sont le chêne et le sapin, mais dans les campagnes, on emploie à peu près indiffé-remment tous les bois dont on dispose, qui ne coûtent que la peine de les abattre, malgré que beaucoup de ces bois ne présentent pas les qualités de durée et de résistance que l'on doit exiger d'un bois de charpente.

Chêne. — C'est le meilleur bois de charpente, il est dur et résistant, se conserve dans l'air, dans la terre et dans l'eau et ne subit que lentement l'action des alternatives d'humidité et de sécheresse qui désagrè-gent rapidement tous les autres bois. Quand le chêne est débarrassé de son *aubier*, il ne craint pas les vers. L'âge le meilleur pour l'abatage des chênes est d'en-viron cent ans. Les bois des arbres beaucoup plus âgés sont cassants et sujets à la vermoulure. Les chênes trop jeunes ont trop d'aubier. Il y a diverses espèces de chênes : le chêne *blanc* ou *pédonculé* est le meilleur, son tronc est haut et régulier, son bois est à fibres parallèles et lisses, sa couleur jaune clair ; le chêne *rouvre* ou chêne de Bourgogne, est plus petit, son bois est grossier et rebours, il est plus dur et plus cassant que le précédent, sa couleur est brun clair ; le chêne *noir* ou chêne *Tauzin* pousse dans l'ouest et le midi ; son bois est dur et rebours ; le chêne *vert* ou *yeuse*, qui pousse dans le midi est dur et tourmenté.

Les Vosges, la Hollande, l'Autriche et la Russie fournissent de beaux bois de chêne pour charpentes.

Sapin. — Le sapin est le bois actuellement le plus employé pour les charpentes à cause de son prix beaucoup moins élevé que celui du chêne, de ses grandes dimensions et de sa longue durée quand il est préservé de la pluie, ce qui est le cas dans les planchers et toitures. Le sapin se conserve indéfiniment dans l'eau, mais il se pourrit rapidement dans la terre ou sous les alternatives de sécheresse et d'humidité. Le pin a des qualités analogues.

Les bois de sapin des Vosges, de la Moselle et du Centre de la France qui sont *saignés* pour en tirer de la résine sont légers, sujets aux vers et ne présentent pas la même résistance que les sapins du Nord ou sapins rouges qui sont presque aussi solides que le chêne et ont une durée considérable. La Suède, la Norvège et la Russie fournissent d'excellents bois de sapin en grumes ou débités. Le mélèze et le pitchpin sont analogues au sapin.

Peuplier. — Bois blanc et tendre, ne résiste pas à l'humidité mais se conserve bien au sec. Le *tremble* et le *bouleau* ont les mêmes propriétés.

Châtaigner. — Se conserve indéfiniment dans l'eau qui le durcit, mais à l'air, il craint la vermoulure.

Platane. — Mêmes propriétés que le châtaignier.

Orme. — C'est un bois dur et résistant, mais qui se tourmente beaucoup.

Hêtre. — Bois dur, mais cassant, fendif et sujet à la vermoulure. Quand il est vert, il se plie facilement.

Frêne. — Dur, pesant, à fibres parallèles, serrées et élastiques, craint les vers et l'humidité.

Acacia. — Dur, nerveux et résistant, se conserve bien sous l'eau et à l'air, mais il s'éclate et se fend facilement.

Tilleul. — Bois tendre, peu résistant, souvent creux à l'intérieur.

(Nous ne considérons ici les bois qu'au point de vue de leur emploi pour les ouvrages de charpente.)

Poids du mètre cube des bois de charpente
(selon leur état de siccité)

Chêne de Provence............	1015 à	1220
— de Champagne..........	643 à	988
— de Lorraine	645 à	930
— d'Autriche	800 à	1150
Pin du Nord	814 à	830
Sapin	450 à	670
Mélèze	500 à	650
Frêne........................	650 à	785
Orme	740 à	940
Châtaignier	650 à	690
Hêtre........................	720 à	880
Peuplier	370 à	610
Tremble	450 à	530
Aulne	540 à	800
Bouleau	650 à	700
Acacia	780 à	800
Tilleul	560 à	600

Abatage des arbres. — On doit abattre les arbres à la fin de l'automne et au commencement de l'hiver, alors qu'ils ont le moins de sève, car le bois abattu avec la sève est sujet aux vers et à la pourriture. Pour bien faire écouler la sève, on entaille les arbres au pied tout autour de l'aubier, ou bien on les écorce au mois de mai et on les abat entre le 15 novembre et la fin de décembre.

Structure et dessiccation des bois. — Les bois en grume se dessèchent très lentement et pendant cette période, les bois sont exposés à prendre des défauts : si l'on considère un arbre coupé perpendiculairement

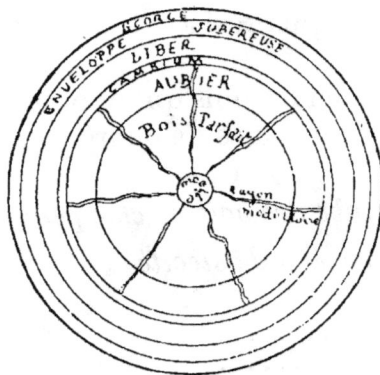

Fig. 1.

à son axe, on voit qu'il est formé de couches concentriques de natures différentes, qui sont en partant de l'extérieur :

L'écorce ou épiderme, qui protège l'arbre des intempéries ;

L'enveloppe subéreuse qui forme plus tard l'écorce ;

Le *liber*, couche fibreuse ;

Le *cambium*, par lequel se fait la montée de la sève ;

L'aubier, qui forme plus tard le bois parfait ;

Le *bois parfait* qui est la partie utilisable de l'arbre ;

La *moelle* qui devient le *cœur* quand l'arbre atteint un âge suffisant (fig. 1).

Les *rayons médullaires* sont des veines par lesquelles la sève circule entre la moelle et le cambium.

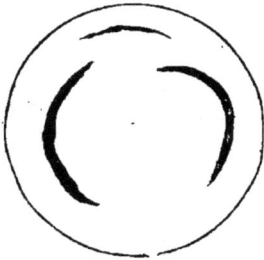 

Fig. 2.   Fig. 3.

Chaque année une couche d'aubier devient bois parfait. En comptant le nombre des couches concen-

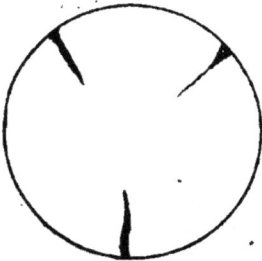 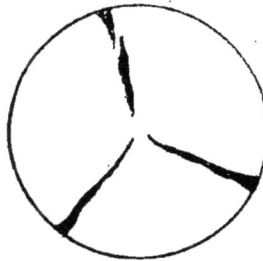

Fig. 4.   Fig. 5.

triques, on détermine exactement l'âge d'un arbre.

On constate dans certains arbres les défauts suivants :

La roulure (fig. 2), due à l'action du vent et du froid.

La gélivure (fig. 3), due à la gelée.

La gerce (fig. 4), due à la dessiccation inégale.

La cadranure (fig. 5), produite par la réunion d'une gerce avec une gélivure.

L'excès des *nœuds* et de l'*aubier* donne des bois de qualité inférieure.

Les *bois creux* sont ceux qui ont été saignés, ils manquent de résistance.

Les bois trop jeunes ou trop vieux ne valent rien.

On reconnaît qu'un bois est très bon quand l'arbre

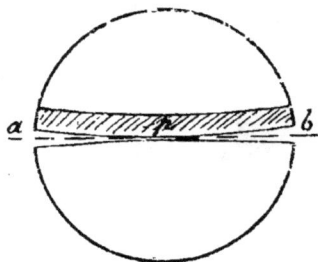 

Fig. 6.   Fig. 7.

écorcé est rond, droit et régulier, qu'il a peu ou point de nœuds, qu'il est dur, sonore au choc, que ses

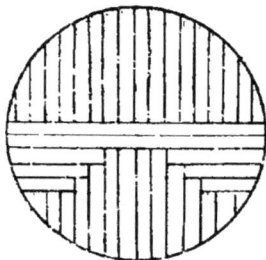 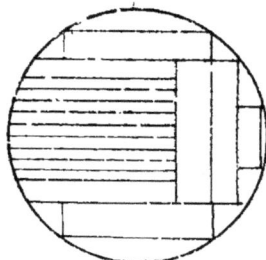

Fig. 7 bis.   Fig. 8.

copeaux sont longs, flexibles, élastiques, résistants, et d'une odeur aromatique agréable.

Pour éviter les lenteurs et les inconvénients de la dessiccation en grumes, on débite les arbres peu de temps après l'abatage dans les conditions que l'on prévoit être les plus avantageuses pour leur emploi industriel.

Les arbres peuvent se débiter de différentes manières mais en observant les principes suivants :

Le bois tend à se *voiler* ou se *coffiner* et à se fendre dans le sens du cœur de l'arbre, comme le montre la figure 6 ; on dit alors que le bois *tire à cœur*. Il tend

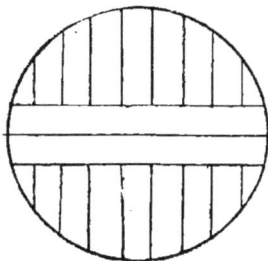 

Fig. 9.   Fig. 10.

aussi à se fendre suivant les plans ou *mailles* passant par les rayons médullaires. Une planche perpendiculaire aux rayons médullaires est sujette à se voiler et à *tirer à cœur*.

Les planches débitées selon la figure 7 auraient tendance à se voiler toutes comme la planche *p* de la figure 6.

Les figures ci-dessus montrent les diverses manières de débiter les arbres selon qu'on veut en tirer des planches plus ou moins épaisses ou des madriers, chevrons, etc., en évitant autant que possible que les bois débités n'aient tendance à tirer à cœur.

Les bois débités sont empilés sur des chantiers qui les isolent du sol en séparant les planches ou les poutres par des lattes espacées d'un mètre environ, comme le montre la figure 11 ci-après, ce qui permet à l'air de circuler entre les pièces de bois et d'activer le séchage en conservant les bois bien droits.

Pour éviter que les planches ne se fendent, on enfonce des *S* en feuillard d'acier aux endroits où l'on redoute des fentes (fig. 11).

On empile les bois à sécher à l'abri de la pluie, soit sous des hangars, soit sous des toitures provisoire-

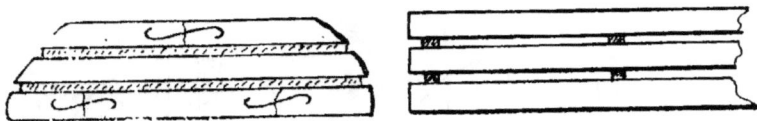

Fig. 11.

ment faites sur les tas de bois. Il faut deux ans pour sécher les bois de charpente et quatre ans pour ceux de menuiserie.

La dessiccation artificielle se fait en empilant les bois et en les espaçant dans des étuves à 40 degrés pour le chêne et à 80 ou 90 degrés pour les sapins et bois résineux.

Le *flottage* consiste à immerger les bois dans l'eau qui enlève rapidement la sève ; les bois flottés se conservent bien, ils ne se gauchissent pas, mais ils sont moins durs que ceux desséchés naturellement.

Le flottage nécessite un séjour de trois mois dans l'eau dormante, cinq à six semaines dans l'eau courante et dix à douze jours dans l'eau chauffée à 30 degrés.

Les bois séchés à l'air chaud doivent d'abord avoir été flottés.

Le débitage des bois se fait par *fente* à la hache en forêt, c'est ainsi qu'on fait le dégrossissage et l'équarrissage des poutres et les *bois de fente* pour douelles, lattes, etc., et par *sciage* à la *scie de long* à bras, à la scie à ruban, à la scie circulaire ou à la scie à lames multiples, ces machines étant mues au manège ou au moteur.

On construit maintenant de ces machines transportables pour le débitage en forêt ; elles sont constituées par un petit moteur à essence de pétrole installé sur un chariot avec la scie circulaire qu'il doit actionner. Le chariot est traîné par des chevaux jusqu'à l'endroit où les bois doivent être empilés.

Conservation des bois. — Les bois abattus, comme nous l'avons dit, en novembre et décembre, se conservent naturellement mieux que les autres, surtout si l'on a favorisé l'écoulement de la sève avant l'abatage. Mais tous les bois sont forcément atteints par les agents atmosphériques qui produisent plus ou moins lentement une modification dans la structure du bois. Ces alternatives d'humidité et de sécheresse pourrissent le bois en favorisant le développement des moisissures ; les vers attaquent les bois et produisent la vermoulure quelquefois très profonde des poutres, ce qui peut amener des accidents.

Pour protéger les bois contre la pourriture et la vermoulure on a proposé un grand nombre de moyens qui se résument en trois catégories :

1º La carbonisation extérieure ;

2º L'injection ;

3º Les enduits.

En *brûlant* superficiellement les poteaux que l'on enfonce dans le sol pour les clôtures ou autres usages, on augmente considérablement leur durée. Pour carboniser superficiellement les poutres et les planches qui doivent servir dans les endroits humides tels qu'écuries, buanderies, ateliers ou dans l'eau (bateaux, palplanches, etc.) on se sert d'un puissant chalumeau alimenté au gaz d'éclairage ou par des huiles combustibles. La lampe chalumeau de M. de Lapparent résout ce problème quand on ne dispose pas du gaz d'éclairage. Le bois carbonisé à la surface est protégé de la putréfaction et des vers par la formation de créosote au-dessous de la couche brûlée.

En *injectant* dans l'épaisseur du bois divers produits antiseptiques on lui permet de résister aux agents de destruction. Cette injection des bois peut se faire soit avant l'abatage des arbres, soit sur les bois en grumes ou débités. Le Dr Boucherie a imaginé d'injecter les arbres sur pied en mettant à profit la montée de la sève qui entraîne le liquide antiseptique : pour cela il incise le pied de l'arbre et l'entoure d'une bâche contenant le liquide à injecter ; la pénétration est rapide mais irrégulière. Pour injecter les bois en billes ou débités on les chauffe pour les dessécher puis on les plonge dans la solution antiseptique sous pression ; nombreux sont les dispositifs inventés pour rendre aussi complète que possible la pénétration, nos lecteurs en trouveront la description dans le Dictionnaire Lami, volume III, pages 773 et suivantes et premier supplément, pages 613 et suivantes.

Les liquides employés pour l'injection des bois sont :

Solution de sulfate de cuivre neutre ou ammoniacal à 2 p. 100.

Solution de sulfate de fer (a l'inconvénient de désagréger le bois).

Solution de sulfate de zinc à 3 p. 100.

Solution de chlorure de zinc à 4 p. 100.

Solution de sulfate d'alumine (alun).

Solution de sulfates de magnésie, de baryte, de soude.

Solution de carbonates de potasse, soude, magnésie.

Solution de chlorures de chaux, de sodium (sel marin).

Solution de bichlorure de mercure (sublimé corrosif), à 2 p. 100.

Solution de ferrocyanure de potassium.

Solution d'acides arsénieux et pyroligneux, phénol, crésol, carbolinéum, créosote brute.

Solution d'azotate de potasse.

Il est bon de remarquer que les bois injectés sont rendus à peu près incombustibles, c'est-à-dire qu'ils résistent mieux à l'incendie que les bois non injectés.

Les enduits sont les peintures à l'huile de lin ou aux huiles lourdes de houille, le goudron de Norvège ou le goudron de gaz appliqués bouillants sur le bois sec, les vernis à la résine, le suif bouillant, le lait de chaux et un produit appelé *Carbonyle* qui s'emploie froid ou chaud et dure, dit-on, quinze ans. L'enduit se fait toujours sur bois sec, après masticage des fentes, au pinceau ou par trempage assez prolongé pour que le liquide s'attache au bois et le pénètre. Un enduit renouvelé en temps voulu préserve bien les bois de charpente exposés à l'air humide.

On peut aussi employer comme enduits les antiseptiques pour injection du bois.

Bois ignifugés. — On injecte ou bien on trempe longtemps (8 à 10 jours) les bois dans une solution d'alun à 5 p. 100 ou de silicate de potasse ou de soude. Ces silicates peuvent s'employer comme badigeon concurremment avec une couche de lait de chaux mélangé d'ocre ou de sable très fin, ce qui revêt le bois d'un enduit incombustible.

D'après M. Barré, les bois imprégnés d'urine brûlent difficilement.

D'après M. Mandet, l'enduit de *glycérocolle* est des meilleurs ; il se compose de :

Dextrine blanche soluble adhésive   1 k. 500
Glycérine blonde à 28° ....   1 k. 900
Alun ....   0 k. 100

Bois courbés. — En faisant séjourner les bois débités dans une étuve à vapeur d'eau chaude, ils deviennent assez élastiques pour être courbés sous l'action de poids, leviers ou presses convenablement disposés. En laissant refroidir et sécher ces bois dans la presse, ils conservent ensuite la courbure qu'on leur a imposée ; quand on ne dispose pas d'étuve à vapeur, on peut courber les bois en les chauffant à la flamme d'un feu clair en même temps qu'on les asperge d'eau pour les empêcher de brûler ; pendant toute la durée de ce chauffage on force le bois à se cintrer sous l'action de poids ou de cordages disposés à cet effet. Quand le feu est éteint et le bois refroidi, il conserve sa courbure.

Ces procédés sont employés dans la tonnellerie, le charronnage et aussi pour faire des pièces courbes pour charpentes.

Les mêmes procédés peuvent être employés pour redresser des bois gauchis.

Rebouchage des bois. — On rebouche les trous et fentes avec du mastic de vitrier ou avec l'une des compositions suivantes :

1)   Sciure de bois fine, en poids   4
      Vernis à l'huile de lin, en poids   1

2)   Farine de blé ou fécule de pomme de terre ...   4
      Gomme arabique   1
      Eau chaude   2

Dimensions des bois du Commerce

Chêne. — Longueurs 3 mètres et au-dessus :

Gros battants	0.320 × 0.110
Battants	0.330 × 0.108
Petits battants	0.230 × 0.075

Longueurs 2 à 4 mètres :

Membrures	0.160 × 0.081
Chevrons.................	0.080 × 0.081
Echantillons	0.240 × 0.055
Doublettes	0.330 × 0.055
et	0.240 × 0.035
Entrevous.................	0.330 × 0.035
et	0.240 × 0.027
Feuillet	0.240 × 0.022
et	0.240 × 0.013
Panneau	0.216 × 0.020
et	0.243 × 0.013
Volige	0.243 × 0.015
et	0.216 × 0.013

Sapin du Nord. — En longueurs de 2 mètres et au-dessus par augmentation de 33 en 33 centimètres.

Poutres	0.400 × 0.300
et	0.300 × 0.240
et	0.350 × 0.300
Poutrelles	0.200 × 0.140
Madriers.................	0.110 × 0.220
et	0.080 × 0.220
Basting	0.170 × 0.065
et	0.160 × 0.065
Chevrons.................	0.080 × 0.080
Planches	0.220 × 0.027
et	0.220 × 0.034
et	0.220 × 0.041
et	0.220 × 0.054
Feuillet	0.220 × 0.010
et	0.220 × 0.014
et	0.220 × 0.018

Sapin de Lorraine.

Madriers .... 0.220×0.075
Planches .... 0.320×0.027
et 0.320×0.034

Les bois de charpente se vendent généralement au mètre cube ou *stère*, les prix varient considérablement selon les cours, selon les contrées et selon la qualité des bois. Le cubage des bois équarris n'offre pas de difficultés, quant à l'appréciation du bois marchand que peut fournir un arbre, on emploie généralement la méthode dite au *sixième déduit* : on prend avec une ficelle la circonférence moyenne de l'arbre par-dessus l'écorce ; on déduit un *sixième* de la longueur trouvée puis on prend le quart de ce qui reste ; la dimension ainsi déterminée est considérée comme le côté d'une poutre carrée, équivalente au bois parfait, que peut fournir l'arbre. Exemple : un arbre de 10 mètres de longueur et de 2 m. 40 de circonférence moyenne par-dessus l'écorce donnera :

$$\frac{2.40 - \dfrac{2.40}{6}}{4} = 0.50$$

$0.50 \times 0.50 \times 10 = 2$ mètres cubes 500

CHAPITRE II

Résistance et calcul des poutres

Les poutres employées à la construction des charpentes peuvent travailler de trois manières différentes :

1º A la traction (entrait, poinçon, moise).

2º A la compression (arbalétrier, liernes, contrefiches, poteaux).

3º A la flexion (solives, pannes, sablières).

Certaines pièces longues sont soumises en même temps à des efforts de traction et de flexion (tirant ou entrait) ou à des efforts de compression et de flexion (arbalétriers).

Nous ne ferons pas ici la discussion des formules, on la trouvera dans les traités de la résistance des matériaux.

Pièces soumises à la traction simple. — La pièce soumise à un effort de traction simple tend à s'allonger jusqu'à une certaine limite d'élasticité, puis elle se rompt.

Le chêne se rompt sous un effort de 6 à 8 kilos par millimètre carré de section.

Le sapin du Nord se rompt sous un effort de 8 à 9 kilos par millimètre carré de section.

Le sapin des Vosges se rompt sous un effort de 4 kilos par millimètre carré de section.

Le frêne se rompt sous un effort de 8 à 12 kilos par millimètre carré de section.

L'orme se rompt sous un effort de 7 à 10 kilos par millimètre carré de section.

Le hêtre se rompt sous un effort de 8 kilos par millimètre carré de section.

Le bois de teck se rompt sous un effort de 11 kilos par millimètre carré de section.

Ces chiffres s'appliquent aux bois chargés dans le sens des fibres, ils sont inférieurs de moitié si la charge est perpendiculaire aux fibres.

Le fer ordinaire se rompt sous une charge de 30 kilos par millimètre carré de section.

Le fer très bon se rompt sous une charge de 50 kilos par millimètre carré de section.

Le fil de fer non recuit se rompt sous une charge de 60 à 80 kilos par millimètre carré de section.

L'acier ordinaire se rompt sous une charge de 40 kilos par millimètre carré de section.

L'acier très bon se rompt sous une charge de 80 kilos par millimètre carré de section.

La fonte se rompt sous une charge de 12 à 13 kilos par millimètre carré de section.

Pour calculer la section à donner à une pièce soumise à une traction T, on devra d'abord se rendre compte de la qualité de la matière employée et ne la charger qu'au *dixième* de la charge de rupture R indiquée ci-dessus. Si la pièce est soumise à des vibrations et à des à-coups fréquents, il ne faut la charger qu'au *vingtième* de la charge de rupture R ; la section de la pièce en millimètres carrés sera donc donnée par la formule :

$$S = \frac{10\ T}{R} \text{ ou } S = \frac{20\ T}{R}.$$

Si la pièce a une grande longueur, il faut ajouter son propre poids à la charge qu'elle supporte.

Pièces soumises à la compression. — Le calcul est le même que ci-dessus, voici les charges de rupture par compression des différents matériaux de charpente :

Le chêne s'écrase sous une charge de 3,5 à 5 kilos par millimètre carré.

Le sapin du Nord s'écrase sous une charge de 3,5 à 5,5 kilos par millimètre carré.

Le sapin des Vosges s'écrase sous une charge de 3 à 4 kilos par millimètre carré.

Le hêtre s'écrase sous une charge de 3 à 4 kilos par millimètre carré.

L'orme s'écrase sous une charge de 1 kilo par millimètre carré.

Le fer s'écrase sous une charge de 35 kilos par millimètre carré.

La fonte s'écrase sous une charge de 75 kilos par millimètre carré.

L'acier s'écrase sous une charge de 40 à 100 kilos par millimètre carré.

Les charges de sécurité à adopter sont comme ci-dessus de 1/10e à 1/20e des charges de rupture.

Quand la pièce chargée est très longue il faut tenir compte des effets de *flambage* qui se produisent toujours.

D'après Rondelet, la résistance des poutres à l'écrasement, à mesure que leur longueur augmente relativement à leur section, diminue suivant le tableau suivant :

Soit 1 la résistance à l'écrasement d'une pièce très courte, sa résistance deviendra :

5/6	quand sa hauteur sera	12	fois le petit côté de sa base.
1/2	—	—	24	—	—
1/3	—	—	36	—	—
1/6	—	—	48	—	—
1/12	—	—	60	—	—
1/24	—	—	72	—	—

Pour une pièce cylindrique, on prend le diamètre pour petit côté de la base.

Pièces soumises à la flexion. — 1º *Cas d'une pièce encastrée par une de ses extrémités.* — Les fibres tendent à se rompre en *t* et sont comprimées en *c* ; d'un

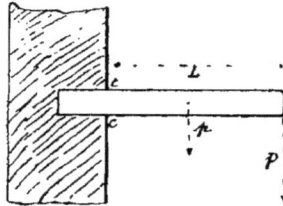

Fig. 12.

bout à l'autre de la pièce encastrée, les fibres supérieures sont soumises à la traction et les fibres inférieures soumises à la compression.

Si la charge P est au bout de la pièce, en tenant compte du poids propre *p* de la pièce encastrée l'effort qui tend à rompre les fibres en *tc* est donné par la formule :

$$PL + \frac{pL}{2} \text{ ou } L\left(P + \frac{p}{2}\right).$$

Si le poids P est uniformément réparti sur toute la longueur de la poutre, la formule devient :

$$L\left(\frac{P + p}{2}\right).$$

Au point d'encastrement *tc*, la résistance de la poutre est proportionnelle à sa largeur *b* et au carré de sa hauteur *h*, l'énergie qu'elle oppose à la rupture est donnée par la formule :

$$\frac{Rbh^2}{6}$$

qui doit être égale à l'effort imposé par la charge P.
On aura donc pour le calcul des poutres encastrées
par une extrémité :

$$L \left(P + \frac{p}{2}\right) = \frac{R b h^2}{6} \text{ si le poids P est au bout de la poutre,}$$

et $L \dfrac{P + p}{2} = \dfrac{R b h^2}{6}$ si le poids P est uniformément
réparti,

R étant la charge de rupture et de compression de
la matière formant la poutre (si la poutre est légère
on peut négliger la valeur de p).

Généralement on fait pour le bois, $2b = h$ ou
$3b = h$ et pour le fer ou la fonte avec nervures entre
$12b = h$ et $4b = h$.

Pour les pièces en bois isolées on fait $b = h$.

2° *Cas d'une poutre posée sur deux appuis.* — Nous
supposerons la charge P placée au milieu de la poutre

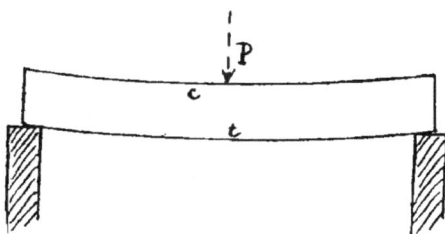

Fig. 13.

ou bien uniformément répartie. La poutre tend à se
rompre au milieu ; les fibres sont comprimées en c
et tendues en t, il en est ainsi sur toute la longueur de
la poutre. La résistance que présente la poutre au

point de rupture est évidemment la même que dans le cas précédent au point d'encastrement.

L étant la longueur de la poutre ;

P la charge ;

p le poids de la poutre ;

R la charge de rupture des fibres tendues et comprimées ;

b la largeur ou épaisseur de la poutre ;

h, sa hauteur,

on a dans le cas de la charge au milieu de la poutre :

$$\frac{L}{4}\left(P + \frac{p}{2}\right) = \frac{Rbh^2}{6}$$

et dans le cas de la charge uniformément répartie :

$$\frac{L}{8}\left(P + \frac{p}{2}\right) = \frac{Rbh^2}{6}$$

on fait les dimensions b et h comme il est dit plus haut.

3º *Cas d'une poutre encastrée à ses deux extrémités.* — La poutre tend à se rompre aux points d'encas-

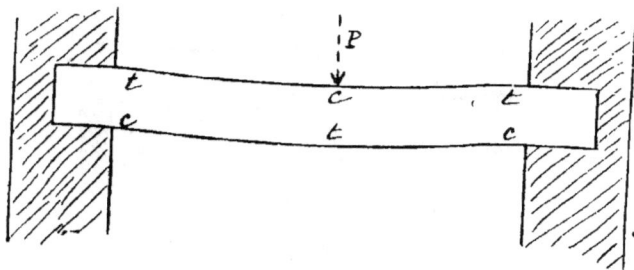

Fig. 14.

trement et au milieu. La charge que peut porter la poutre encastrée à ses deux extrémités est une demie fois plus grande que celle que peut porter la même poutre simplement posée sur deux appuis, ce qui transforme comme suit les formules ci-dessus :

$$\frac{L}{6}\left(P + \frac{p}{2}\right) = \frac{Rbh^2}{6} \text{ et } \frac{L}{12}\left(P + \frac{p}{2}\right) = \frac{Rbh^2}{6}$$

Application de ces formules au calcul des poutres. — Soit une poutre de longueur L qui doit être chargée d'un poids P et dont le poids propre est p. Il suffit pour déterminer le produit bh^2 de résoudre les formules ci-dessus en isolant le terme bh^2. On fera ensuite $b = h$ ou $b = \dfrac{h}{2}$ ou $b = \dfrac{h}{3}$ selon que la poutre *en bois* est isolée ou entretoisée avec d'autres poutres. (Pour les poutres en fer, voir le volume *Charpentes en fer*.)

Mais il faudra tenir compte du coefficient de sécurité qui doit être prévu entre 10 et 20 selon que la poutre est soumise ou non à des vibrations et aussi suivant les conditions atmosphériques dans lesquelles elle doit travailler. Pour les charpentes de bâtiments d'habitation on multipliera donc le poids P par 10, mais pour les planchers d'usines, les ponts et ouvrages d'art on multipliera le poids P par 15 ou 20 selon les circonstances :

Exemple : soit une poutre de 4 mètres de longueur uniformément chargée d'un poids total de 5000 kilos et posée sur deux appuis, le poids de la poutre est d'abord considéré comme négligeable ; la formule

$$\frac{L}{8}\left(P + \frac{p}{2}\right) = \frac{Rbh^2}{6} \text{ devient } \frac{PL}{8} = \frac{Rbh^2}{6}$$

qui peut s'écrire

$$bh^2 = \frac{6PL}{8R} = \frac{3PL}{4R}$$

Si la poutre est en sapin, R = 600 kilos par *centimètre carré*, 10 P = 50000 kilos, L = 400 centimètres, on a donc

$$bh^2 = \frac{3 \times 50000 \times 400}{4 \times 600} = 25000$$

Si nous faisons $b = h$, nous aurons :

$$b = \sqrt[3]{25000} = 29 \text{ cm. environ et } h = 29 \text{ cm. environ.}$$

Si nous faisons $b = \dfrac{h}{2}$, nous aurons :

$$b = \sqrt[3]{\frac{25000}{4}} = 19 \text{ cm. environ et } h = 38 \text{ cm. environ.}$$

Si nous faisons $b = \dfrac{h}{3}$, nous aurons :

$$b = \sqrt[3]{\frac{25000}{9}} = 15 \text{ cm. environ et } h = 45 \text{ cm. environ.}$$

Remarques. — Les calculs ci-dessus prouvent qu'il est avantageux au point de vue de l'économie du cube de bois employé pour supporter une charge donnée, d'avoir des poutres plus hautes que larges, mais il faut remarquer que ces poutres sont moins élastiques que les poutres à section carrée.

La théorie que nous avons faite rapidement montre que l'on peut entailler, sans compromettre sa résistance, une poutre dans sa partie supérieure, à condition que les entailles soient *parfaitement remplies* de bois résistant à la compression aussi bien que le bois de la poutre elle-même.

Les assemblages de bois de charpente sont conçus de façon à ne pas compromettre la solidité des poutres chargées à la flexion, c'est-à-dire que les mortaises doivent toujours être percées dans les parties où les fibres travaillent à la compression. Les tenons doivent remplir parfaitement ces mortaises et y être emmanchés à force afin de remplacer totalement le bois enlevé.

La résistance d'une pièce de bois d'une section déterminée dépend, comme nous l'avons vu, de la

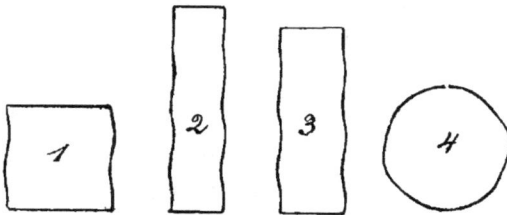

Fig. 14.

forme de cette section ; la figure 15 montre une même section sous différentes formes :

1) $b = h$, résistance $\dfrac{Rb^3}{6}$

2) $b = \dfrac{h}{3}$, résistance $\dfrac{Rbh^2}{6} = \dfrac{9Rb^3}{6}$

3) $b = \dfrac{h}{2}$, résistance $\dfrac{Rbh^2}{6} = \dfrac{4Rb^3}{6}$

4)   section circulaire, résistance $\dfrac{R\pi r^3}{4}$

r étant le rayon du cercle.

Formes à donner aux charpentes. — Les charpentes des planchers doivent être combinées de façon que les charges se répartissent aussi également que possible sur toute la longueur des poutres et que celles-ci soient également chargées lorsqu'elles sont du même équarrissage.

Dans les pans de bois et les combles supportant des efforts latéraux dus aux charges normales et aux pressions du vent, on doit employer exclusivement la forme *triangulaire* car le triangle est la seule figure géométrique indéformable. Tout assemblage de bois de charpente non maintenu rigide par des gros murs doit donc être rendu indéformable par la liaison de toutes ses parties au moyen de poutres formant entre elles des triangles ; ceci est indispensable dans les combles et toitures et dans les constructions élevées sur de simples poteaux, mais, même quand les poutres sont maintenues par des murs empêchant toute déformation de la charpente, il n'est pas inutile d'employer des formes triangulées pour les charpentes qui, en ce cas, donnent une meilleure liaison et une plus grande solidité au bâtiment.

Les maîtresses poutres des planchers et toitures doivent être *chaînées* avec les murs comme nous l'indiquerons plus loin ; elles doivent reposer sur des assises larges, en pierre, pour répartir leur charge sur une grande surface du mur.

Position des bois dans les charpentes. — Le cœur du bois ou le côté du bois débité qui est du côté du cœur de l'arbre doit toujours être placé du côté d'où vient la poussée, car le bois a une tendance à se courber à l'opposé du cœur de l'arbre et la poussée de la charge tendra à le redresser. Pour les poteaux, on placera le cœur à l'intérieur pour recevoir la poussée des *liernes* ou bras de force qui s'appuient sur le poteau. Pour les solives de planchers, tirants, arbalétriers, pannes, etc, on mettra le cœur en dessus : on dit aussi que le bois doit toujours être posé *sur son raide*, comme le montre la figure 16, ce qui revient à mettre le cœur en dessus, les bois ayant

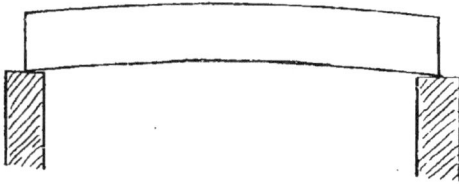

Fig. 16.

toujours tendance à se gauchir comme le montre la figure 6.

CHAPITRE III

Outils du charpentier

---

1 Cordeau pour tracer les lignes droites sur le bois.
2 Fil à plomb.
3 Niveau triangulaire.
4 Mètre pliant.
5 Jauge réglette pour mesurer les profondeurs.
6 Rouanne pour marquer les bois.
7 Décamètre à ruban.
8 Niveau à bulle d'air.
9 Compas droit.
10 Compas d'épaisseur.
11 Equerre à écharpe.
12 Sauterelle ou fausse équerre.
13 Trusquin à tracer les bois.
14 Clefs pour serrer les écrous.
15 Tréteau.
16 Vilebrequin.
17 Marteau.
18 Scie de long.
19 Scie de travers.
20 Scie allemande ou à refendre.
21 Scie égoïne.
22 Varlope ou riflard.

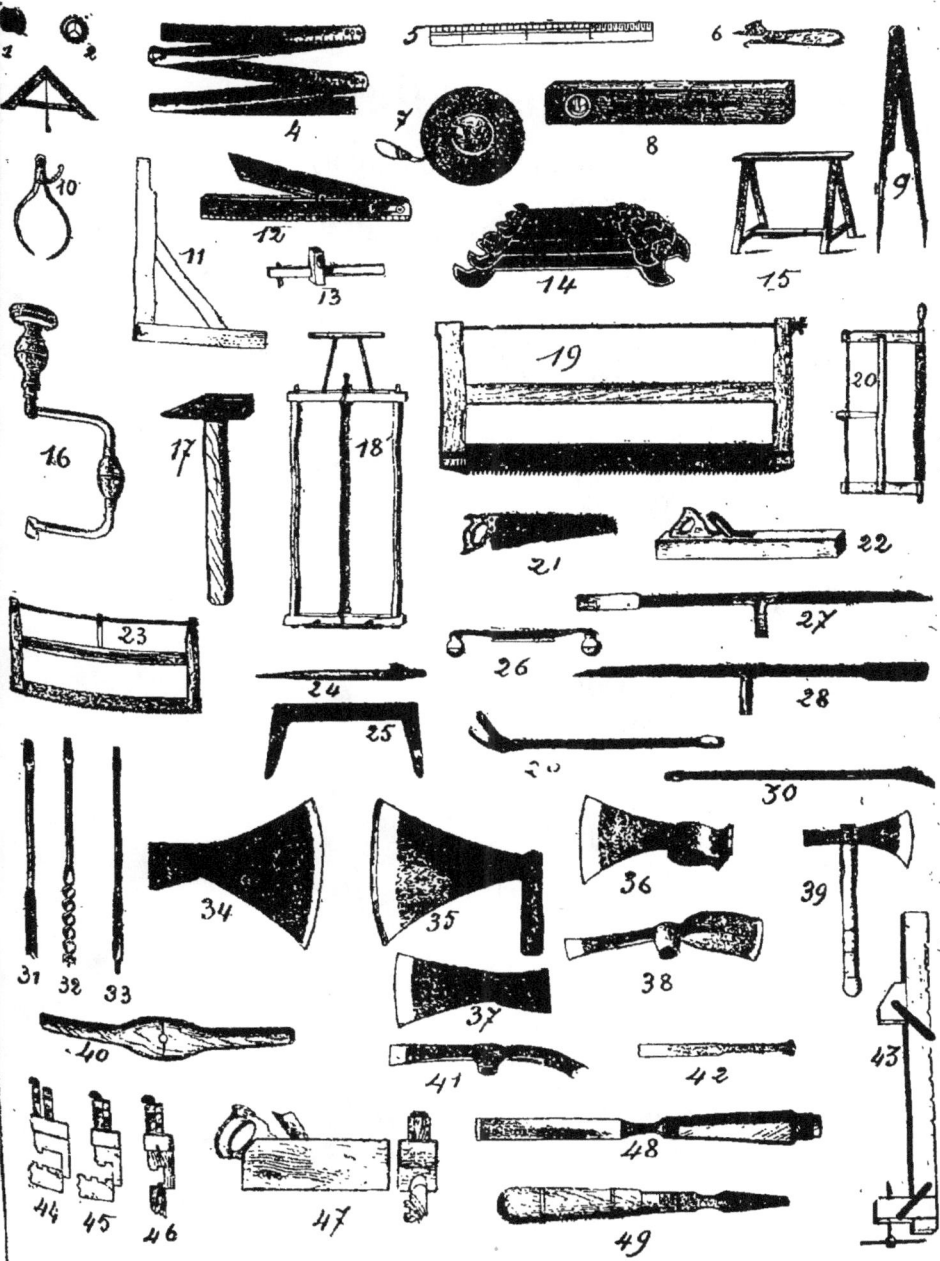

Fig. 17. — Outils du charpentier

23 Scie à tenons ou à araser.
24 Chevillette.
25 Crochet d'assemblage ou clameau.
26 Plane ou pleine.
27 Besaiguë à planche et à bédane.
28 Besaiguë à gouge.
29 Pince pour arracher les clous.
30 Pince à levier et pied de biche.
31 Mèche ou tarière à cuiller.
32 Mèche ou tarière à vis à double traçoir.
33 Mèche ou tarière de Styrie.
34 Cognée.
35 Cognée lyonnaise.
36 et 37 Cognées à tête.
38 Herminette.
39 Hachette à main.
40 Manche pour tarière.
41 Piochon.
42 Ciseau tout acier.
43 Serre-joints.
44-45-46 Bouvets à joindre.
47 Rabot à moulurer.
48 Ciseau manche bois.
49 Tournevis.

CHAPITRE IV

Assemblage des bois

Les bois s'assemblent par allongement, c'est-à-dire *bout à bout*, ou par *enture* des deux pièces ; par *croisement*, d'équerre ou obliquement ; et enfin par *renforcement*, c'est-à-dire par superposition de deux ou plusieurs pièces l'une sur l'autre.

1° *Assemblage bout à bout ou entures.*

Fig. 18. — *Joint plat*, l'assemblage est maintenu

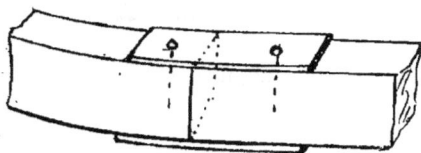 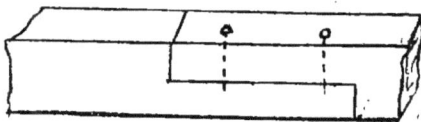

Fig. 18.   Fig. 19.

par deux plaques de tôle boulonnées ensemble à travers le bois.

Fig. 19. — *Joint à mi-bois à coupes d'équerre.* L'assemblage est assuré par des clous, vis ou boulons. Le défaut de cet assemblage est d'affaiblir les pièces à l'endroit de la coupe d'équerre.

Fig. 20. — *Enture à fausse coupe avec épaulements.*

Fig. 21. — *Enture à sifflet.* Ces deux assemblages sont bons, la longueur à leur donner est de 3 à 4 fois

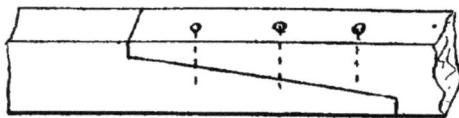 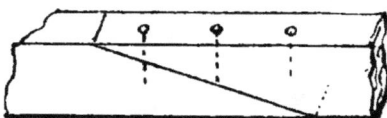

Fig. 20.   Fig. 21.

l'épaisseur des bois ; on les maintient par des boulons ou des colliers en fer forgé.

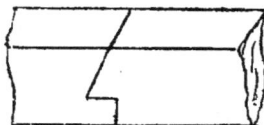 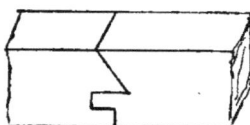 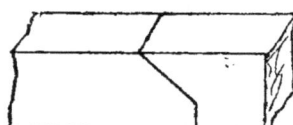

Fig. 22.   Fig. 23.   Fig. 24.
Enture à mors d'âne.   Enture à chaperon.   Enture à paume.

Les *clameaux* (fig. 30) sont des crochets en fer servant à maintenir le serrage des joints d'assemblage ;

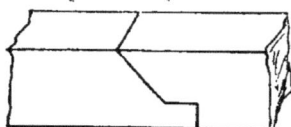 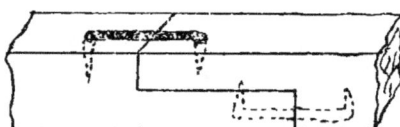

Fig. 25.   Fig. 30.
Enture à paume et à repos.   Enture à clameaux.

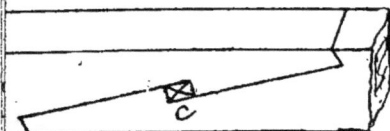 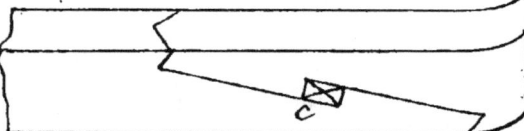

Fig. 31.   Fig. 32.

par leur forme (fig. 17-25) ils tendent, quand on les enfonce dans le bois, à rapprocher les deux pièces assemblées.

Fig. 31. — *Trait de Jupiter simple ;* le serrage est maintenu par un coin *c*.

Fig. 32. — *Trait de Jupiter* plus solide que le précédent ; il est indéformable en tous sens, simplement par le serrage du coin *c*.

On maintient généralement les assemblages à trait

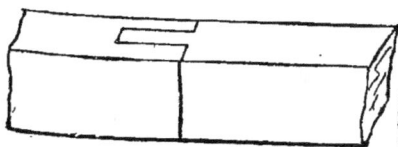 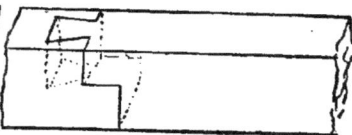

Fig. 33.   Fig. 34.

de Jupiter par des boulons et des colliers ; la longueur à donner au joint est 3 à 4 fois l'épaisseur de la pièce de bois.

Fig. 33. — Assemblage à *enfourchement*, à maintenir par chevilles, boulons ou plaques de tôle boulonnées.

Fig. 34. — Assemblage à *queue d'hironde* ou *queue d'aronde* avec ou sans *repos*. Cet assemblage se fait

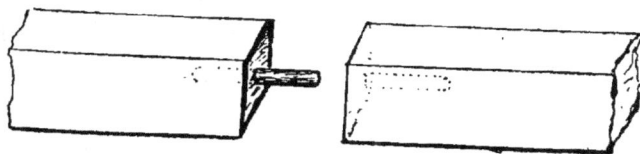

Fig. 35.

aussi avec deux queues d'aronde pénétrant de chacune des pièces dans l'autre pièce.

Fig. 35. — Assemblage *bout à bout* avec *goujon* en fer ; s'applique surtout aux poteaux et pièces verticales ne subissant pas de poussées latérales.

Par la combinaison de plaques en tôle serrées par des boulons sur les diverses entures, on arrive à donner une grande résistance à ces assemblages. L'emploi de colliers de serrage (fig. 36 et 37) est aussi très recommandable quand on a besoin d'une grande solidité.

2° *Assemblages par croisement*. — Ces assemblages sont constitués par un *tenon* pénétrant dans une *mortaise* ; une cheville en bois de fil (chêne ou

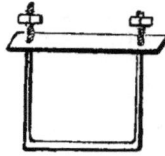 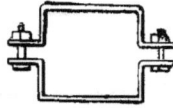

Fig. 36.   Fig. 37.

acacia) maintient l'assemblage ; la cheville ne doit pas intervenir pour la résistance aux efforts que l'assemblage doit supporter, c'est-à-dire qu'au besoin l'assemblage doit, s'il est bien fait, se maintenir sans cheville. Dans les travaux de menuiserie, on coupe les chevilles et on les *arase* à fleur du bois, mais, dans les travaux de charpente, on les laisse généralement dépasser de chaque côté des poutres, de façon à pouvoir les enfoncer si le bois se dessèche ou les retirer facilement s'il faut démonter la charpente.

Le tenon a au moins un tiers de l'épaisseur de la pièce de bois et jamais beaucoup plus de ce tiers. Le tenon doit pénétrer exactement et à force dans la mortaise, il ne doit pas en toucher le fond, de manière que les épaulements ou *jouées* de chaque côté du tenon viennent porter sur la pièce mortaisée.

Les tenons se font à la scie, les mortaises au ciseau et avec la besaiguë. Dans les usines, on fait les petites mortaises avec des *machines à mortaiser* et les tenons avec des *machines tenonneuses*.

La fig. 38 montre un assemblage à simple tenon et mortaise avec cheville. La fig. 39 montre le même as-

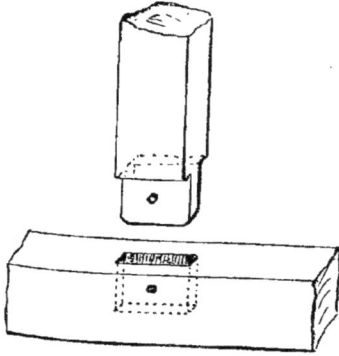

Fig. 38.

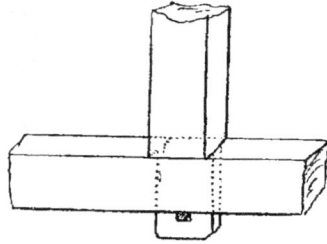

Fig. 39.

semblage, mais ici le tenon fait saillie et porte une forte cheville ou clef sous la pièce mortaisée ; cet as-

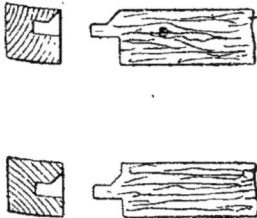

Fig. 40.

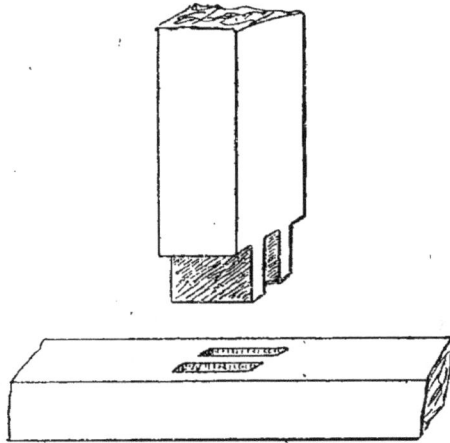

Fig. 41.

semblage est bon quand la pièce doit subir des efforts de traction.

Pour éviter la rupture du tenon, on peut le munir d'un *renfort* ou *chaperon* comme dans la fig. 40 (usité

pour les solives de planchers). La fig. 41 est un assemblage avec double tenon avantageux pour les pièces

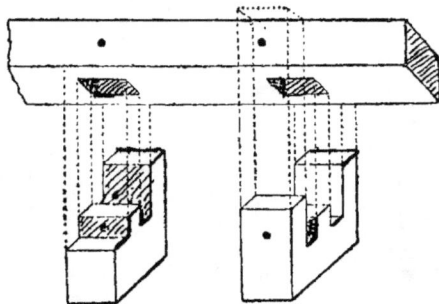

Fig. 42.

de bois ayant une grande largeur. La fig. 42 est un
assemblage à tenon avec emboîtement de la pièce
mortaisée et les fig. 43 et 44 sont des assemblages

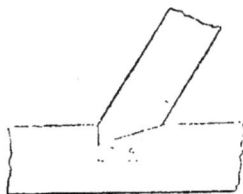
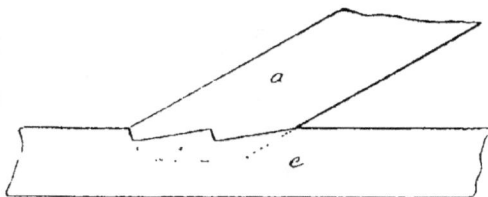

Fig. 43.   Fig. 44.

obliques à tenon et mortaise avec simple et double
embrèvement ou *crans*. Ces assemblages sont usités
pour l'arbalétrier avec le tirant et le poinçon.

La fig. 45 est un assemblage à *enfourchement*, il
comporte une mortaise ouverte au bout de la pièce
de bois. La fig. 46 est un assemblage à enfourchement
et embrèvement.

Le *déjoutement* est l'assemblage de deux ou trois
pièces se contrebutant dans une même mortaise

(fig. 47) ; il est dit en *entaille* ou en *tour ronde*, selon qu'il est parallèle ou oblique aux faces de bois. La

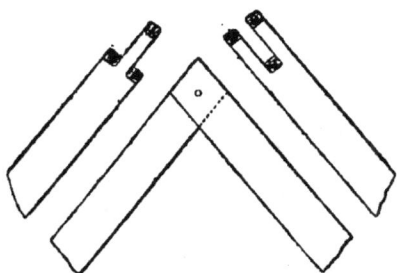

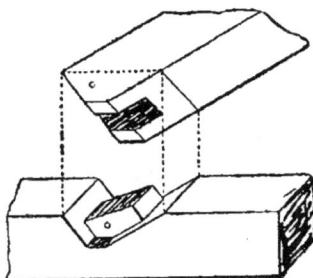

Fig. 45.　　　　　　　　Fig. 46.

fig. 49 montre l'assemblage en *désaboutement simple* et la fig. 48 le *désaboutement d'armature.*

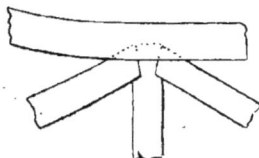
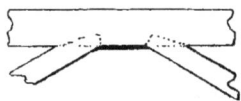
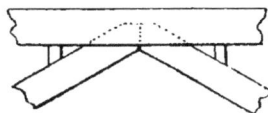

Fig. 47.　　　　　Fig. 48.　　　　　Fig. 49.

L'assemblage à *oulice* (fig. 50) est celui de deux pièces en prolongement avec une troisième pièce oblique.

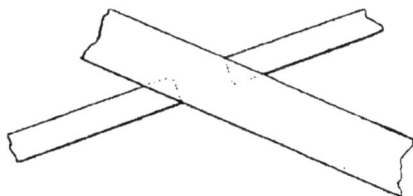

Fig. 50.

L'*enlaçure* est un assemblage à enfourchement maintenu par une forte cheville conique faisant serrer les pièces assemblées. La fig. 51 montre un assemblage d'équerre à queue d'aronde, usité pour les solives de planchers.

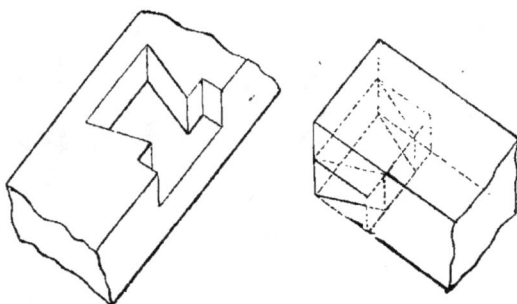

Fig. 51.

L'*édenture* (fig. 52) sert à assembler les chevrons

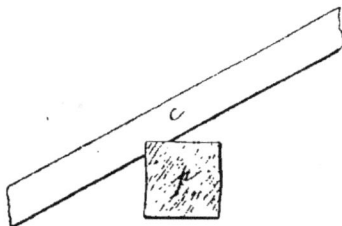

Fig. 52.

avec les pannes ; elle est simple ou avec un petit tenon réservé dans son milieu pour empêcher le glis-

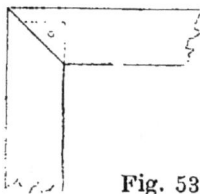 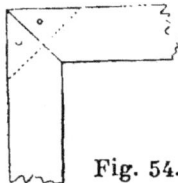 

Fig. 53.   Fig. 54.   Fig. 55.

sement latéral du chevron sur la panne. Générale-ment, on se contente de fixer l'édenture par un fort clou en fer.

L'assemblage des pièces se croisant sous un angle quelconque, se fait aussi à *mi-bois* avec ou sans embrèvement, comme pour les pièces bout à bout, et, pour les encadrements et moulures apparentes, on emploie l'assemblage à onglet (fig. 53 et 55) que l'on peut renforcer par une *clef de joint* engagée dans une entaille pratiquée dans l'épaisseur des deux pièces (fig. 54).

3° *Assemblages par renforcement.* — L'assemblage à *rainure* et *languette* est celui des lames de parquet

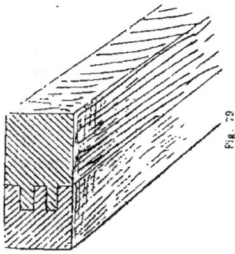 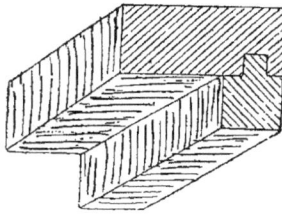

Fig. 56.   Fig. 57.

il s'emploie de même avec deux ou plusieurs rainures et languettes pour réunir des pièces *jumelées*, comme le montre la fig. 56.

L'assemblage par *embrèvement* est représenté fig. 57 où les pièces sont d'épaisseurs inégales et laissent des *champs* de chaque côté de la partie assemblée.

4° *Poutres composées et armées.* — La rareté et le prix élevé des bois de grande longueur et de forte section fait que l'on est souvent obligé de réunir plusieurs pièces de bois pour constituer une poutre offrant une résistance suffisante pour un travail déterminé. Ces assemblages sont faits conformément aux remarques que nous avons indiquées chapitre II sur la manière dont travaillent les différentes parties d'une poutre chargée.

Pour les *poutres d'assemblage* formées par la réunion

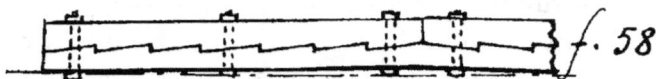

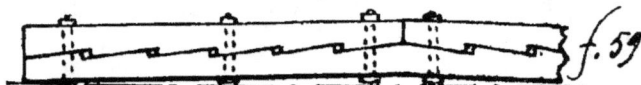

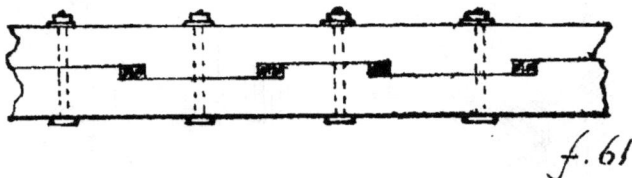

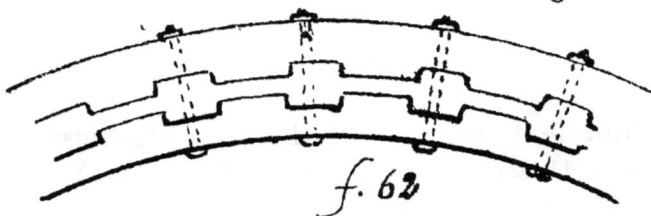

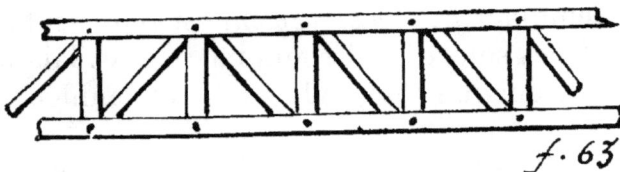

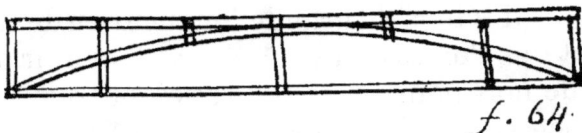

f. 58

f. 59

f. 60

f. 61

f. 62

f. 63

f. 64

de plusieurs pièces de bois réunies par des *endentures* avec clefs et boulons, ou des traits Jupiter, on ne doit compter que sur les trois quarts de la résistance que donnerait une poutre d'une seule venue et de même section : ces poutres d'assemblage se desserrent avec le temps et fléchissent ensuite.

La fig. 58 montre une poutre formée d'une partie inférieure d'une seule pièce travaillant à la *traction* et de deux parties supérieures travaillant à la *compression*. Ces trois pièces sont réunies par des *endentures*, *crémaillères* ou *crans* et par des boulons. Les fig. 59 et 60 sont des poutres composées comme la précédente, mais avec des clefs de serrage. Pour augmenter la rigidité de ces sortes de poutres, on les soulève au milieu sur un chantier et on les charge à leurs extrémités pendant leur construction, de façon qu'après serrage des clefs et boulons, elles soient légèrement cintrées vers le haut (flèche de 1/60 à 1/100ᵉ de la portée de la poutre). Les endents doivent être distants entre eux de la hauteur de la poutre.

Dans les poutres assemblées par endents ou crémaillères, l'assemblage doit avoir lieu vers le tiers inférieur aux extrémités et vers le tiers supérieur au milieu, afin d'avoir le maximum de résistance des bois.

La figure 61 montre un assemblage à clefs pour des pièces verticales, les *endents* sont rectangulaires.

La figure 62 montre l'assemblage d'une poutre cintrée en trois parties.

Les figures 63 et 64 sont de véritables *poutres à treillis* composées de deux *moises* réunies par des parties soumises à la compression. Chaque *moise* est composée de deux poutres parallèles boulonnées ensemble. La figure 63 est dite *poutre américaine*.

Etant donnée une poutre, en la refendant un peu obliquement et en assemblant par des boulons les deux parties comme le montre la figure 65, on obtient plus de rigidité que n'en aurait donné la poutre non refendue.

Pour renforcer les poutres en bois, on emploie des

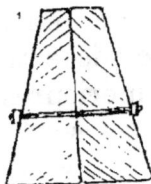

Fig. 65.

armatures en fer. Par exemple on compose une poutre au moyen de deux parties en bois entre lesquelles on place une lame de fer *large-plat*, dont la largeur égale la hauteur de la poutre, ou encore un fer à I, le tout serré par des boulons distants d'environ deux fois

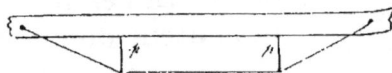

Fig. 66.   Fig. 67.

la hauteur de la poutre. On peut encore armer une poutre en bois comme le montrent les fig. 66 et 67 qui comportent un ou deux *poinçons p* parfaitement rigides, en bois ou en fonte et un tirant en fer rond très solidement ancré aux deux extrémités de la poutre.

La tension ou *raidissage* du tirant en fer s'obtient au moyen d'un tendeur à *lanterne* placé au milieu du tirant. On peut ainsi constituer des poutres de grande portée très légères et très résistantes.

CHAPITRE V

Poteaux, Murs et Clôtures en bois

Poteaux. — Les supports des planchers ou toitures sont souvent constitués par des poteaux en bois, généralement en chêne, de forme carrée, reposant sur des *dés* en pierre scellés dans le sol (fig. 68). Le poteau est maintenu en place sur le dé au moyen d'un goujon en fer *g* ou encore par une semelle de fonte. La base du poteau doit être goudronnée pour éviter la pourriture.

Le poteau est assemblé dans la solive qu'il supporte et à laquelle il est relié par deux *bras de force, contrefiches* ou *aisseliers a*. Souvent, on place entre le poteau et la solive un *chapeau c* (fig. 69) qui répartit la charge ; ce chapeau est relié à la solive par des goujons ou des clefs ou des boulons. Dans la fig. 70, la solive est soulagée par une *semelle* ou doublure *s*, sur laquelle s'assemblent les contrefiches *a*. La charge d'un poteau doit être soigneusement calculée comme il a été dit au chapitre II.

Cloisons. — Les *galandages*, murs légers ou cloisons en briques sur champ, sur plat ou en carreaux de plâtre, se font entre des poteaux en bois *p*, présentant des rainures dans lesquelles vient s'encastrer la maçonnerie *c* (fig. 71). L'enduit *ee* vient ensuite affleurer les parements du poteau. Les poteaux ont 0,08 × 0,08 ou plus selon l'épaisseur de la cloison ; on les place à 1 m. 50 de distance les uns des autres.

Résistance des poteaux en bois

(Chêne et sapin de qualité ordinaire.).

CÔTÉ du carré en centimèt.	CHARGES DE SÉCURITÉ DONT ON PEUT CHARGER les poteaux dont les hauteurs sont :				
	3 mètres	4 mètres	5 mètres	6 mètres	8 mètres
10	1.650	1.000	»	»	»
11	2.200	1.450	»	»	»
12	2.800	1.950	1.250	»	»
13	3.500	2.600	2.000	»	»
14	4.400	3.300	2.400	»	»
15	5.400	4.000	3.100	2.500	»
16	6.500	5.000	3.800	2.900	»
17	7.700	5.950	4.600	3.600	»
18	8.900	7.000	5.500	4.300	»
19	10.300	8.200	6.400	5.100	»
20	11.800	9.500	7.600	6.200	»
21	13.400	11.000	9.000	7.200	5.000
22	15.100	12.500	10.300	8.400	5.700
23	16.800	14.100	11.600	9.600	6.700
24	18.500	15.800	13.100	10.900	7.700
25	»	17.800	14.900	12.400	8.800
30	»	»	»	»	16.000

Pour les séparations légères dans les appartements, on emploie :

1º Cloisons en menuiserie à claire-voie, lattées en chêne, hourdées et ravalées en plâtre sur chaque parement.

2º Cloisons en planches jointives lattées et enduites de plâtre ou de chaux de chaque côté.

3º Cloisons en briques pleines ou creuses sur champ

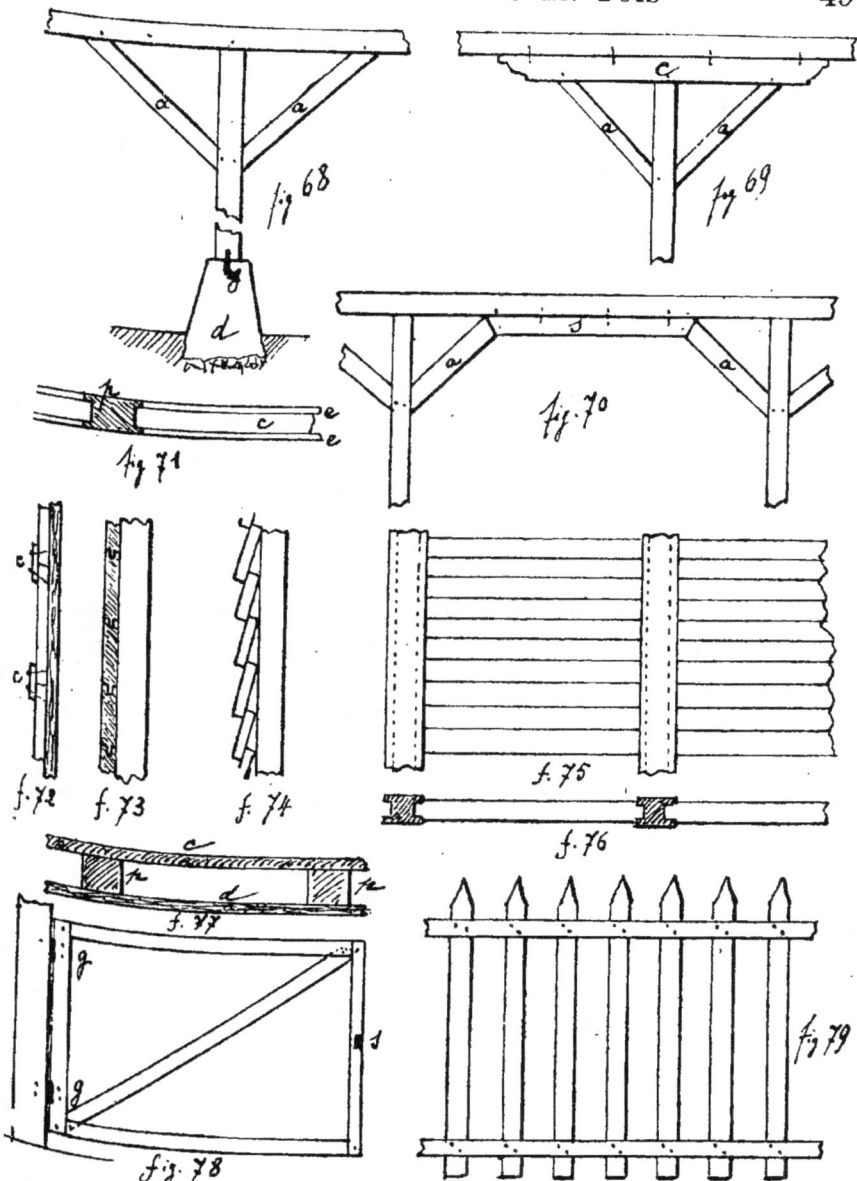

Fig. 68 à 79,

(0m.055 d'épaisseur) ou sur plat (0m.11 d'épaisseur) rejointées ou ravalées au plâtre.

4

4º Cloisons en carreaux de plâtre ou en parpaings pleins ou creux.

Toutes ces cloisons se font entre des poteaux en bois cloués au plancher et au plafond. Pour augmenter l'adhérence du mortier aux poteaux, on larde ceux-ci avec des *clous à bateaux*.

Les cloisons en carreaux de plâtre de 0,08 y compris les enduits reviennent à environ 4 fr. 50 le m. carré.

Bardages en planches. — Les revêtements ou bardages en planches se font en planches ou solives jointives avec couvre-joints cloués (fig. 72) ; en parquet ou planches assemblées à rainure et languette (fig. 73) ou encore en planches à recouvrement (fig. 74) clouées sur poteaux et traverses et ensemble pour favoriser l'écoulement des eaux qui tombent sur le mur.

Un autre système représenté fig. 75 et 76 consiste à poser des madriers entre des poteaux munis de rainures.

Murs en bois. — Dans les pays où les bois sont très bon marché, on fait des murs en troncs d'arbres assem-

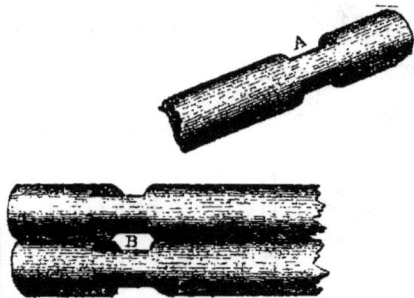

Fig. 80.

blés comme le montre la fig. 80, la partie A venant s'assembler en B pour former un angle de mur d'équerre.

La fig. 77 montre un mur en bois à double parement, creux au milieu, ce qui garantit de la chaleur et du froid. Pour augmenter le confortable de ce genre de murs, on emploie en Amérique les procédés suivants : la paroi extérieure est formée de deux épaisseurs de planches entre lesquelles on interpose une feuille de papier goudronné ou de papier d'amiante enduit d'huile siccative ; la paroi intérieure est un lattis à claire-voie avec enduit de mortier épais.

Clôtures à claire-voie. — Ces clôtures sont en lattes de châtaignier réunies par des fils de fer, on les vend toutes faites chez les treillageurs. Les clôtures représentées fig. 79 sont formées par deux ou trois traverses horizontales sur lesquelles sont clouées des traverses verticales rappointées en haut et distantes de 0 m. 16 l'une de l'autre ; les portes des clôtures se font avec une petite charpente en bois, représentée fig. 78, sur laquelle on cloue des traverses verticales en nombre suffisant.

Pans de bois. — Les murs en pans de bois hourdés de remplissages en maçonneries grossières sont encore employés dans beaucoup de campagnes ; ils permettent d'obtenir des maisons de plusieurs étages et, quand ils sont bien construits en bois de chêne, ils sont très solides, mais sujets à la destruction par l'incendie.

Les pans de bois sont formés de poteaux verticaux plus ou moins espacés ; ces poteaux s'assemblent à tenons et mortaises dans des pièces horizontales appelées *sablières*. Aux angles du bâtiment sont les *poteaux corniers ;* ceux qui forment les ouvertures des portes et fenêtres se nomment *poteaux d'huisseries ;* au-dessus des ouvertures sont les *linteaux* et à la partie inférieure de l'ouverture est *l'appui.* Entre les poteaux principaux sont les *poteaux de remplissage*. Sous les appuis et au-dessus des linteaux sont les *potelets de remplissage*. Afin d'empêcher le gauchissement latéral du pan de bois, on réunit les poteaux et les sablières par des pièces obliques assemblées à *mi-bois* ou à *oulice ;* ces pièces se nomment *décharges*, *guettes* ou croix de Saint-André ; les poteaux assemblés obliquement sur ces pièces se nomment *tournices*. Quand une ouverture est large, le *poitrail* qui forme son linteau doit être soulagé par des *décharges* obliques convenablement établies ; les poteaux qui soutiennent ce poitrail se nomment *trumeaux d'étrier*.

Tous les assemblages à tenons et mortaises doivent être entrés à force et chevillés en chêne refendu.

Les pans de bois doivent reposer sur de petits murs en maçonnerie élevés à 0 m. 50 au moins au-dessus du sol pour arrêter l'humidité.

Pour un pan de bois élevé de 3 à 4 étages, construit en chêne ou en sapin du Nord et dans lequel les intervalles entre les poteaux sont égaux à l'épaisseur même du pan de bois, les principales pièces doivent avoir les dimensions suivantes en carré :

Poteaux corniers	0 m. 25 à 0 m. 27
Poteaux d'huisserie et trumeaux d'étrier	0 m. 25 à 0 m. 27
Sablières	0 m. 21 à 0 m. 25
Décharges, guettes, croix de St-André ..	0 m. 16 à 0 m. 19
Poteaux de remplissage et tournices	0 m. 13 à 0 m. 17

Les cloisons intérieures portant plancher sont faites selon les mêmes règles et avec des bois de mêmes dimensions que les murs de face.

On se sert d'armatures en fer plat de 40 × 7 ou 50 × 9 pour réunir et consolider ensemble les divers murs d'un édifice en pans de bois ; ces armatures en forme de crochet ou d'équerre sont clouées sur les pièces de bois avec de forts clous à bateaux et recou-

vertes ensuite par le mortier de chaux qui les préserve
de la rouille.

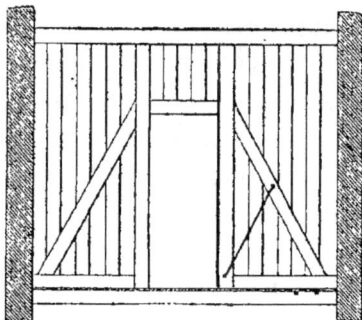

Fig. 81.

La figure 81 montre une huisserie en pans de bois
avec renforcement par un tirant en fer reliant la

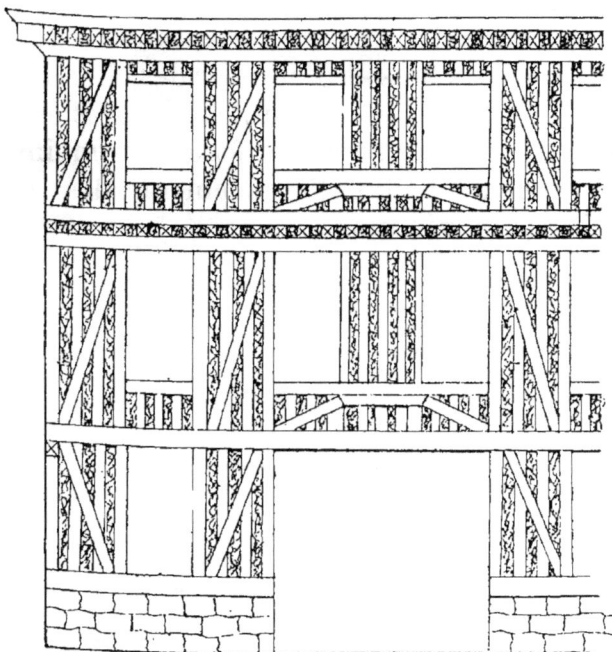

Fig. 82.

guette au *poteau d'huisserie*. La fig. 82 montre un bâtiment de plusieurs étages en pans de bois.

Le remplissage entre les pans de bois se fait en lardant de clous à bateaux les pièces de bois et en comblant les vides avec des maçonneries grossières faites de déchets de pierre ou brique et de plâtras reliés par un mortier de chaux. On fait ensuite le ravalement des deux parements avec enduit et crépissage.

En France, il est défendu de construire en pans de bois sur la voie publique, mais, dans les bâtiments dont la profondeur excède 8 mètres, il est permis de construire la façade en pierres jusqu'au premier étage et au-dessus en pans de bois jusqu'à 15 m. 60 de hauteur. Pour augmenter la résistance à l'incendie, on peut recouvrir les pans de bois d'un lattis en chêne qui reçoit l'enduit.

Il est interdit de poser des entablements en pierre sur des pans de bois et d'adosser des cheminées contre les pans de bois ; l'espace ou *tour du chat* entre la cheminée et le pan de bois doit être d'au moins 0 m. 16.

Un règlement fixe l'espacement des poteaux à 0 m. 27 au maximum.

CHAPITRE VI

Planchers en bois

Les planchers, séparant les divers étages des édifices, se composent d'une charpente horizontale dans laquelle toutes les poutres et solives travaillent à la flexion et doivent être considérées comme des poutres non encastrées à leurs extrémités ; sous le plancher, on fait le plafond et sur le plancher on pose le dallage ou parquetage. Afin d'empêcher la propagation du son et de la température à travers les planchers, on les garnit d'un *hourdis* convenable.

Afin d'obtenir un plancher d'épaisseur constante, on peut le constituer par une série de poutres toutes de même équarrissage, bastings ou madriers, selon la portée, placés à distance égale les uns des autres, ceci permet d'avoir facilement un plafond entièrement plan. Mais, quand il s'agit de couvrir de grands espaces avec de longues portées, on est obligé de diviser ces espaces par des poutres de grande section sur lesquelles viennent s'appuyer les rangs de solives plus petites. Le plancher présente alors en dessous la forme de caissons qui peuvent convenir à des motifs décoratifs du plafonnage.

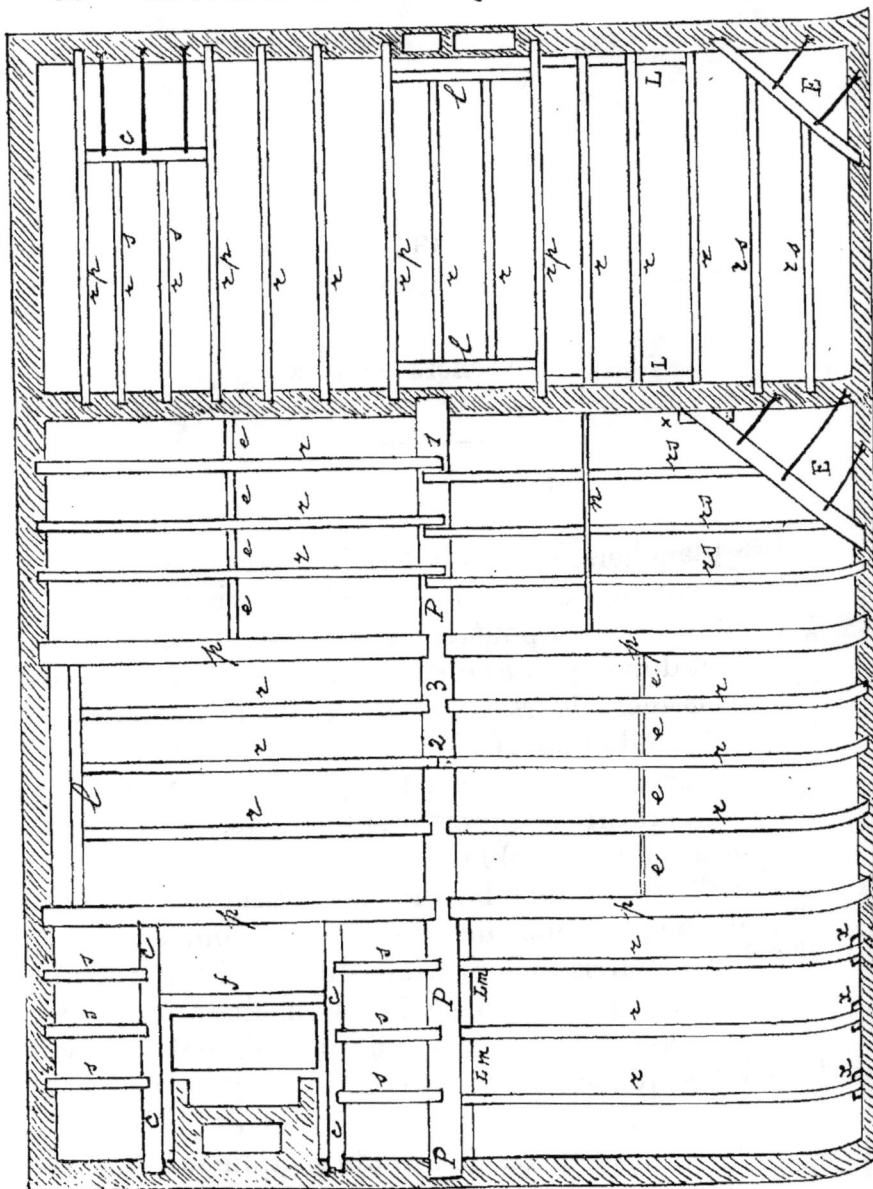

Fig. 83.

La fig. 83 représente les divers dispositifs des poutres dans les planchers.

P est une *maîtresse poutre* sur laquelle portent d'autres poutres principales ; cette maîtresse poutre doit reposer sur des appuis très solides sur les murs, car elle porte une grande partie de la charge totale du plancher.

pp et *rp* sont les *poutres* ou *solives d'enchevêtrure* qui peuvent supporter elles-mêmes d'autres solives.

eee sont les *étrésillons* qui maintiennent l'équidistance entre les solives d'enchevêtrure et les empêchent de se coucher sous la charge.

rrr sont des *solives de remplissage*, elles portent sur deux murs ou sur un mur et sur une maîtresse poutre.

cc sont des *chevêtres* portant sur un mur et sur une solive d'enchevêtrure ou de remplissage, ils reçoivent les abouts des solives de remplissage. Les chevêtres se placent autour des cages d'escaliers et aussi autour des cheminées pour former dans le plancher un vide qui sera rempli par un hourdis de matériaux incombustibles ; ce remplissage se nomme *trémie*.

Quelquefois les chevêtres reposent sur des *corbeaux* *x*, en pierre ou en fer scellés dans le mur.

f est un *faux-chevêtre* destiné à remplir une partie de l'espace laissé libre par les chevêtres.

ll sont des *linçoirs* portant sur les solives d'enchevêtrure et recevant les abouts des solives de remplissage ; on place les linçoirs en face des points faibles du mur : fenêtres, portes, baies, passages de tuyaux de cheminée. En ce dernier cas, le linçoir doit être à 0 m. 16 du mur et l'espace vide est rempli de matériaux incombustibles.

ss et *rs* sont des *solives boîteuses* reposant d'un bout sur un mur et de l'autre sur un chevêtre.

LL sont des *lambourdes* appliquées contre les murs où elles sont scellées par des crampons en fer ou supportées par des corbeaux ; elles reçoivent les abouts des solives de remplissage.

On voit en L*m* des *lambourdes accolées* clouées ou boulonnées contre la maîtresse poutre pour recevoir les abouts des solives de remplissage.

E est une *enchevêtrure* faite dans un angle pour le placement d'une cheminée ; l'espace laissé libre jusqu'aux murs est rempli par des barreaux de fer.

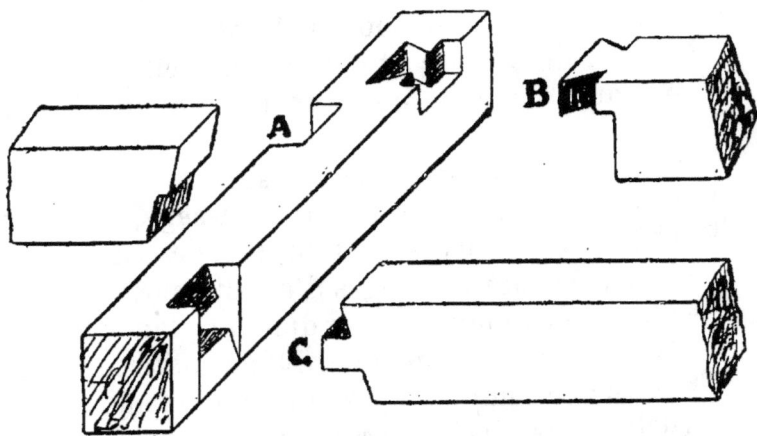

Fig. 84.

Les *liernes n* sont des pièces entaillées au droit des solives et placées sur elles pour en maintenir l'écartement et l'aplomb.

Les solives sont posées sur les poutres principales soit côte à côte, comme en 1, soit bout à bout, en 2, soit assemblées par encastrement ou par tenon avec renfort, comme en 3. En ce dernier cas, la solive se trouve de niveau en dessus avec la poutre.

La fig. 84 montre les différents modes d'assemblage des solives avec une maîtresse poutre : A est un assemblage à entaille à double renfort, B une queue d'aronde, C un tenon à renfort. Ces assemblages ont l'inconvénient d'affaiblir les poutrelles et la poutre.

La fig. 85 montre l'assemblage de poutrelles avec une maîtresse poutre qui est seule entaillée ; c'est ainsi que

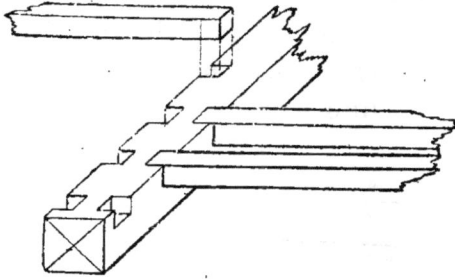

Fig. 85.

l'on obtient les planchers dits à la Française qui ne sont plus guère usités.

Souvent, on préfère poser les solives sur lambourdes comme le montre la fig. 86 où la solive repose simplement sur la lambourde et la fig. 87 où les solives

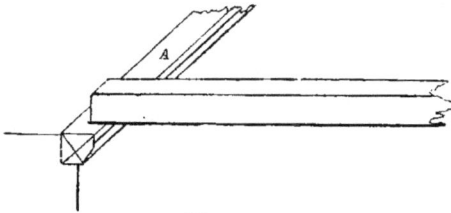

Fig. 86

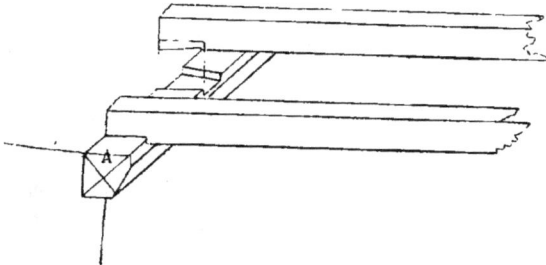

Fig. 87.

sont assemblées à entaille ou à queue d'aronde avec la lambourde.

Les lambourdes sont arrêtées contre les murs par des crampons en fer ou posées sur des corbeaux ; elles sont soutenues contre les poutres par des tire-fonds, des boulons, ou mieux par des étriers en fer forgé comme le montrent les figures 88, 89, 90 et 91 ci-dessous. On donne aux lambourdes 0 m. 08 à 0 m. 12

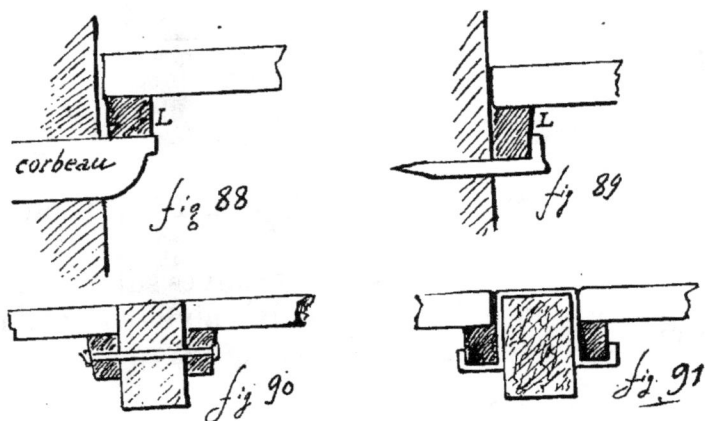

Fig. 88 à 91.

d'équarrissage ou encore en largeur la même grosseur que les solives et en hauteur une fois et demi la hauteur des solives.

Pour l'assemblage des chevêtres et enchevêtrures, on emploie l'un des systèmes à tenon et mortaise indiqués ci-dessus, mais il est nécessaire de renforcer cet assemblage au moyen d'étriers en fer forgé accrochés sur les solives d'enchevêtrure et soutenant le chevêtre ou autre solive perpendiculaire.

De même, si l'on craint que les solives ne se disjoignent, on peut les relier ensemble par des fers plats et des clous ou crampons.

Pour consolider l'appui des solives dans les murs on peut placer en dessous une bande de fer plat de 60×9 scellée à queue de carpe dans le mur, faisant saillie à l'intérieur de 0 m. 20 environ et percée de deux trous par lesquels on enfonce des clous ou tire-fonds dans la solive. On a ainsi une espèce de corbeau en fer qui soutient la solive à sa sortie du mur. Ce moyen peut être employé pour réparer des solives pourries dans un mur.

Les solives sont écartées les unes des autres :

de 0 m. 80 pour charges légères.
de 0 m. 60 pour planchers ordinaires d'appartement.
de 0 m. 40 pour fortes charges.
de 0 m. 25 pour très fortes charges.

Pour les solives écartées de 0 m. 70 d'axe en axe voici d'après M. Barré, les dimensions à donner selon la portée :

Pour chambres et habitations, charge 250 kilogrammes par mètre carré.

Portée		Largeur		Hauteur	
3 m.		0 m. 06		0 m. 18	
4	—	0 m. 08	—	0 m. 22	
5	—	0 m. 10	—	0 m. 26	

Pour bureaux, salles de réception, charge 350 kilogrammes par mètre carré.

Portée		Largeur		Hauteur	
3 m.		0 m. 07		0 m. 22	
4	—	0 m. 08	—	0 m. 24	
5	—	0 m. 10	—	0 m. 28	
6	—	0 m. 11	—	0 m. 33	
7	—	0 m. 12	—	0 m. 36	

En dehors des données ci-dessus applicables aux cas les plus usuels, il est absolument nécessaire de calculer la charge supportée par mètre carré d'un plancher destiné à un usage industriel et de déterminer les dimensions nécessaires à chaque poutre ou solive dudit plancher en employant les règles que nous avons données au chapitre II.

Pour nous servir du tableau ci-après, supposons que l'on veuille savoir les dimensions d'une poutre de 6 mètres de portée devant être chargée uniformément de 300 kilogrammes; on pourra considérer cette poutre comme formée de trois poutres accolées de 10 centimètres de largeur chacune et lui donner 30 cm. ×30 cm ou encore la considérer comme formée de deux poutres

Résistance des bois à la flexion

(Chêne ou sapin de qualité ordinaire.)

Hauteur de la poutre en centimètres	CHARGE DE SÉCURITÉ UNIFORMÉMENT RÉPARTIE dont on peut charger une poutre de 10 centimètres de largeur, posée sur deux appuis espacés de :				
	1 mèt.	2 mèt.	4 mèt.	6 mèt.	8 mèt.
	kilogr.	kilogr.	kilogr.	kilogr.	kilogr.
6	280	140	50	20	»
8	470	220	90	30	»
10	760	370	160	70	20
12	1.140	560	240	120	50
14	1.530	740	320	170	80
16	2.040	990	450	250	120
18	2.570	1.250	580	320	190
20	3.190	1.570	720	410	240
22	3.820	1.880	870	510	300
24	4.580	2.250	1.050	620	390
26	5.390	2.660	1.150	740	460
28	6.210	3.060	1.450	870	560
30	7.170	3.540	1.680	1.020	660
32	8.130	4.020	1.910	1.170	760
34	9.230	4.560	2.180	1.340	890
36	10.320	5.110	2.450	1.500	1.000
38	11.500	5.700	2.700	1.700	1.100
40	12.500	6.000	3.000	1.800	1.250

accolées de 10 centimètres de largeur chacune et lui donner alors 36 cm. × 20 cm., ce qui est avantageux au point de vue de l'économie du cube de bois.

Appui des poutres dans les murs. — L'extrémité d'une poutre scellée dans la maçonnerie d'un mur se pourrit à la longue si le mur est tant soit peu humide. Pour éviter cet inconvénient, on peint les extrémités des solives avec du goudron ou de la peinture à l'huile épaisse. On peut encore les enduire d'argile ou de soufre. En revêtant les abouts des solives avec une chape en plâtre ou avec une feuille de zinc ou de plomb on obtient d'assez bons résultats. Mais l'un des meilleurs moyens est de disposer la portée de la poutre dans le mur de façon qu'il y ait autour de l'extrémité du bois une circulation d'air. A cet effet, on ménage autour des extrémités des poutres portant dans le mur une sorte de petite niche que l'on fait communiquer avec l'extérieur par un petit conduit masqué par un carreau percé d'un trou. Les poutres posées sur corbeaux sont tenues à une petite distance du mur ou bien en sont isolées par une couche de bitume ou une feuille de plomb ou de zinc (fig. 88).

Chaînages et ancrages. — Afin de maintenir constante la distance des murs entre eux et d'augmenter la cohésion et la solidité du bâtiment, on relie solidement les principales poutres des planchers avec les murs au moyen d'armatures en fer cramponnées dans les poutres et arrêtées sur le parement extérieur du mur par un écrou serrant sur une large plaque en fer ou en fonte, ou encore par une barre de fer sur laquelle s'enroule l'armature ou *ancre*, comme le montre la fig. 92. Quelquefois on se borne à sceller l'ancre à *queue de carpe* dans le mur, mais ce mode d'ancrage ne vaut pas ceux ci-dessus.

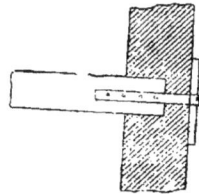

Une maîtresse poutre ainsi ancrée à chaque bout forme un excellent *chaînage* des murs entre eux, mais il est nécessaire, dans les bâtiments lourdement char-

Fig. 92.

gés ou exposés à des trépidations, de relier encore les murs par des chaînages continus formés de barres de fer carré de 18/18 ou 20/20 ou de fer plat 30 × 9 soudées bout à bout ou assemblées par des clefs de serrage, comme le montre la fig. 93 qui est un assemblage à *double coin* de serrage.

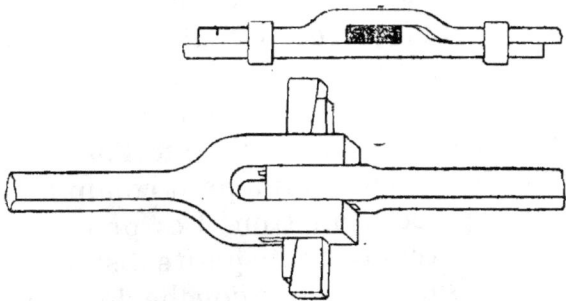

Fig. 93.

Dans les bâtiments importants ou isolés, on chaîne non seulement les murs parallèles entre eux, mais on porte aussi des chaînages en diagonale, qui sont alors faits en fer rond ou carré de 30 mm. × 30 mm. Ces chaînages sont *ancrés* à l'extérieur des murs sur des plaques larges en fonte ornée ou sur des pièces en fer forgé en forme d'S ou d'X formant motifs décoratifs et répartissant l'appui sur une large surface du mur. Les chaînages et ancrages doivent être peints à deux couches de minium, ils sont généralement dissimulés dans l'épaisseur des planchers.

Toutes les ferrures de planchers doivent être peintes à deux couches de minium afin d'en éviter l'oxydation.

Portée des solives dans les murs. — Les poutres qui reposent sur les murs doivent y pénétrer au moins jusqu'à la moitié de l'épaisseur du mur ; pour les murs mitoyens, l'article 657 du Code civil dit que tout co-propriétaire a le droit d'y placer des poutres dans toute l'épaisseur du mur *à 54 millimètres près*, sans préjudice du droit qu'a le voisin de faire réduire la poutre à l'ébauchoir, jusqu'à la moitié du mur, dans le cas où il voudrait lui-même asseoir des poutres dans le même lieu ou y adosser une cheminée.

Les poutres en fer ne doivent être engagées que jus-qu'à la moitié du mur mitoyen, car le voisin serait dans l'impossibilité de faire réduire la longueur de ces poutres, selon son droit, en cas de nécessité.

Planchers d'enrayure ou d'assemblage. — Quand on ne dispose pas de bois assez longs pour aller d'un mur à l'autre, on forme le plancher entièrement au moyen de solives boîteuses se soutenant les unes les autres : tels sont les planchers *Serlio* représentés fig. 95 et 96

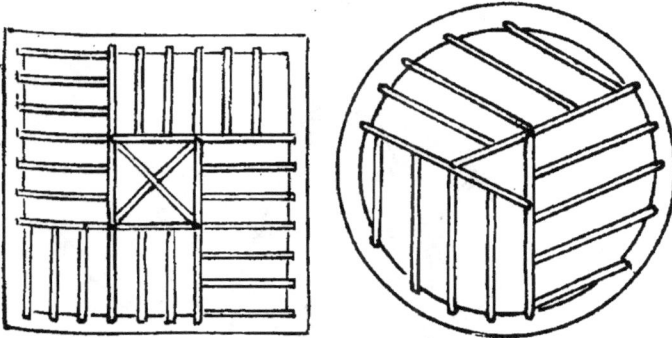

Fig. 95 et 96.

dans lesquels on voit quatre et trois maîtresses solives boîteuses soutenant des solives plus petites. La fig. 98 montre un plancher formé aussi de solives boîteuses réunies ensemble deux à deux par des boulonnages. Les fig. 97 et 100 montrent des planchers dits à *compar-timents*, à *enrayure* ou *polygonaux*. Tous ces genres de

5

Fig. 97.

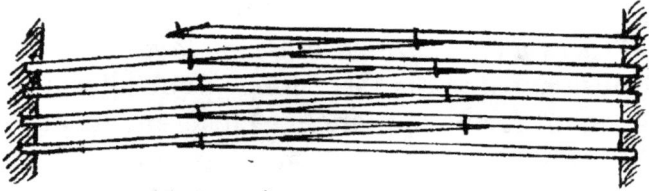

Fig. 98.

Fig. 99.

planchers ont l'inconvénient de présenter un trop grand nombre d'assemblages et d'être très flexibles ; ils s'affaissent avec le temps et ne peuvent supporter que de faibles charges.

La fig. 99 montre un plancher *d'enrayure* dont les maîtresses poutres se réunissent sur un poinçon ou appui central. Dans ces planchers, les équarrissages des bois se réduisent au fur et à mesure qu'ils se rapprochent du centre, leurs portées devenant de plus en plus faibles.

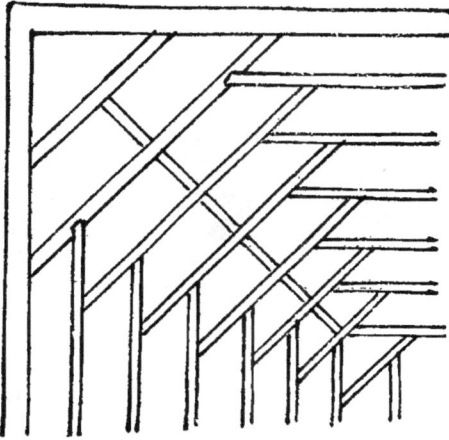

Fig. 100.

Disposition des solives d'un plancher. — Il y a économie de bois pour une résistance égale du plancher à mettre les solives entre les murs les plus rapprochés. Ainsi, dans un plancher rectangulaire, les solives devront être parallèles aux murs les plus courts. Dans un plancher carré, il y a avantage à diviser le carré en deux parties par une maîtresse poutre sur laquelle viennent s'appuyer deux séries de solives courtes. La fig. 83 montre les dispositifs à employer dans le cas d'un plancher rectangulaire et d'un plancher carré.

Aires des planchers. Remplissages. — Dans les planchers les plus simples, on cloue sur les solives des planches de 0 m. 027 à 0 m. 034 d'épaisseur parfaitement jointives ou assemblées à languette et rainure comme des lames de parquet. Ces planchers primitifs ont l'inconvénient de laisser passer les poussières, le bruit et le froid. On améliore le plancher en clouant des lattes, espacées d'environ 1/2 centimètre, par dessous les solives et en faisant un plafonnage au plâtre. Mais pour avoir un bon plancher insonore et protégeant des variations de température, il est nécessaire de faire entre les solives un *remplissage* ou *hourdis d'entrevous*. La fig. 101 montre un plancher *creux* avec un simple plafonnage sous les solives.

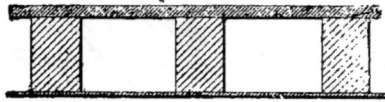

Fig. 101.

La fig. 102 montre un plancher dans lequel les solives sont lardées de clous à bateaux à leur base et entre lesquelles on a formé avec du plâtre des *augets* formant *entrevous*. Cette couche de plâtre est coulée

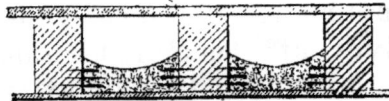

Fig. 102.

par dessus le lattis destiné à recevoir le plafonnage, on lui donne 4 à 6 centimètres d'épaisseur ; pour économiser le plâtre neuf, on noie dans cette couche des morceaux de vieux plâtras. Ensuite, on cloue le parquet sur les solives et le *gobetage* ou plafonnage au-dessous est fait à la *taloche*.

On emploie maintenant pour garnir les planchers entre les solives, des *hourdis* en terre cuite, qui se

posent sur deux lattes clouées à la base des solives.
Ces hourdis sont creux et forment un remplissage
léger, insonore et résistant à l'incendie. Leur surface
est rugueuse et permet au plâtre du plafonnage d'y
adhérer fortement. Quelquefois ces hourdis sont déco-
rés et on les pose sur des moulures comme le montre
la fig. 103 ; ils remplacent alors le plafonnage au
plâtre.

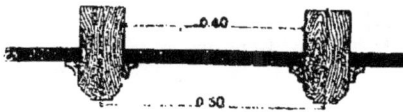

Fig. 103.

Nos fig. 104 à 107 montrent l'emploi d'un nouveau
matériau : c'est le *carreau de liège* aggloméré qui se
pose sur, sous ou entre les solives. Ces hourdis en liège
sont très légers, insonores et mauvais conducteurs de
la chaleur.

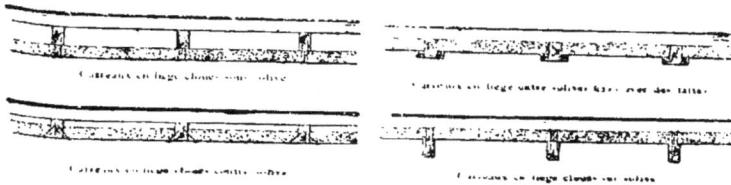

Fig. 104 à 107.

Quand on veut poser un carrelage sur un plancher,
on cloue sur les solives un lattis jointif que l'on recou-
vre d'une couche de plâtre ou de mortier, de 4 à 5 centimètres d'épaisseur, sur laquelle on pose les carreaux
à bains de plâtre ou de ciment.

Quand on veut faire un remplissage en augets de
plâtre entre des solives très espacées, on dispose
entre elles des *étriers* formés de *fantons* en fer rond

ou carré de 7 millimètres de grosseur, de façon à *armer* la couche de plâtre et à la rendre très résistante. Nous reviendrons sur ce procédé à propos des planchers en fer.

Surcharges des planchers. — En dehors du poids propre d'un plancher, on doit estimer comme suit la surcharge d'un plancher :

Pour chambre d'appartement	150	kilos par mètre carré
Pour salle de danse ou de réunion . .	400	—
Pour grenier à foin	400	—
Pour grenier à blé	460	—
Pour magasin, très variable 400 à 1000		—

Poids des planchers. — Nous donnons ci-après les cas les plus usuels :

Parquet en sapin, sur solives sapin, 38 à 48 kilos par mètre carré.

Parquet en chêne, sur solives chêne, 57 à 65 kilos par mètre carré.

Parquet sapin, plafond et entrevous légers, 47 à 105 kilos par mètre carré.

Parquet chêne, plafond et entrevous légers, 80 à 132 kilos, par mètre carré.

Parquet, entrevous épais en plâtre et plafond, 280 à 375 kil.

Il est préférable de calculer pour chaque cas particulier le poids exact du plancher en additionnant les poids du mètre carré de chacun de ses éléments d'après le tableau ci-dessous.

Poids au mètre superficiel de différents éléments de planchers et des parties de construction qui les chargent.

	kg.
Parquet chêne de 0 m. 27	23 00
— sapin, —	17 00
Lambourdes pour parquet à l'anglaise	5 50
— — point de Hongrie	6 75
— — retourné en tous sens	11 00

Cloison légère de 0 m. 08 compris enduits............ 110 00
— de 0 m. 08 en brique sur champ compris enduits 140 00
— de 0 m. 15 — — — 263 00
— de 0 m. 25 — — — 438 00
— de 0 m. 35 — — — 613 00

Hourdis en plâtre

Epaisseur 10 cm. 140
— 12 — 165
— 14 — 195
— 16 — 225
— 18 — 259
Aire en plâtre, 2 cm. 5 35
— 5 cm. 70

Poutres et solives pour planchers. — On trouve dans le commerce des poutres sapin aux dimensions suivantes en centimètres : 30×40, 30×35, 24×30, des madriers, 8×22, 10×23, des bastings, 6×15 ou 6×17, des chevrons ou poutrelles, 6×8, 8×8 et 8×11 ; les planches et parquets ont 0,018, 0,027 et 0,032 à 0,034 d'épaisseur.

CHAPITRE VII

_____

Combles en bois

Le *comble* ou ensemble de la charpente qui supporte la toiture d'une maison prend des noms divers selon le nombre et la forme des pentes qui le composent.

L'*appentis* n'a qu'une seule pente (fig. 108).

La *toiture sur pignons* a deux pentes, rampants ou égouts inclinés en sens contraire et réunis en haut par le *faîtage* qui est généralement parallèle à la grande longueur du bâtiment ; chacune des pentes du toit forme un *long-pan* (fig. 109).

La *toiture à croupes* se compose de deux *longs-pans* et de deux *croupes* qui sont des petites pentes reliant le faîtage aux murs de côté (fig. 110).

La *toiture en pavillon* est formée de quatre *croupes* se reliant en un seul point ; un pavillon peut comporter autant de *croupes* qu'il a de murs de côté (fig. 111).

On dit qu'un comble est *boîteux* quand, les murs du bâtiment n'étant pas parallèles, l'un des égouts du toit n'est pas parallèle au faîtage (fig. 112).

Les toitures peuvent comporter d'infinies dispositifs formés de croupes raccordées par des *faîtages* et des *noues* servant à l'écoulement des eaux plu-

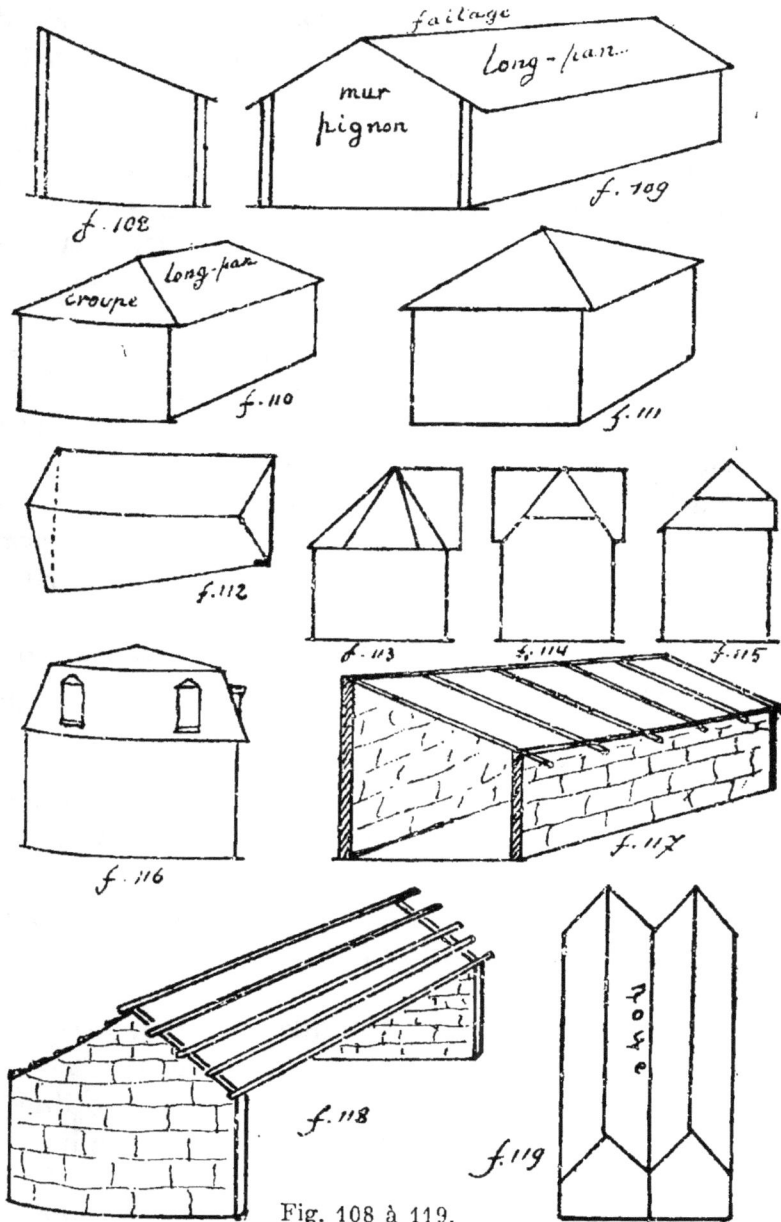

faîtage

long-pan...

mur pignon

f . 108

f . 109

croupe *long-pan*

f . 110

f . 111

f. 112

f . 113

f . 114

f . 115

f . 116

f . 117

f . 118

noue

f. 119

Fig. 108 à 119.

viales, nous en montrons quelques spécimens (fig. 113, 114, 115 et 119).

Les *combles brisés* à la *Mansard* sont formés de parties presque verticales avec fenêtres et d'un toit à deux ou quatre croupes (fig. 116).

Les combles sont composés d'un certain nombre de *fermes* supportant les *pannes*, le *faîtage* et les *chevrons* qui reçoivent la couverture proprement dite.

L'*appentis* simple se compose de poutres ou *chevrons* s'appuyant directement sur deux murs de hauteur différente (fig. 117).

La toiture la plus simple ensuite est celle composée de poutres horizontales ou *pannes* posées entre deux *pignons* formés par les murs du bâtiment (fig. 118).

Dès que la portée entre les murs dépasse 5 mètres, il faut placer entre eux des *fermes* de charpente composées de poutres assemblées suivant des *formes triangulées* et indéformables calculées pour offrir la plus grande résistance à l'écrasement.

La figure 120 est un schéma d'une ferme en bois comprenant toutes les pièces de cette sorte de charpente.

L'*entrait* ou *tirant E* reçoit les abouts des arbalétriers et du poinçon, quand la ferme ne comporte pas d'*entrait* retroussé ; l'entrait est soumis à la traction.

Le *sous-entrait S* soutient l'entrait et son assemblage avec les arbalétriers auxquels il est relié par une ferrure.

L'*entrait retroussé E* assemblé aux arbalétriers et au poinçon ; pièce soumise à la traction.

Les *arbalétriers A* inclinés suivant la pente du toit et assemblés sur le poinçon ; pièces soumises à la compression et à la flexion. Ils sont quelquefois renforcés sur une partie de leur longueur par des *sous-arbalétriers* (fig. 123).

a est un *aisselier*, soumis à la compression.

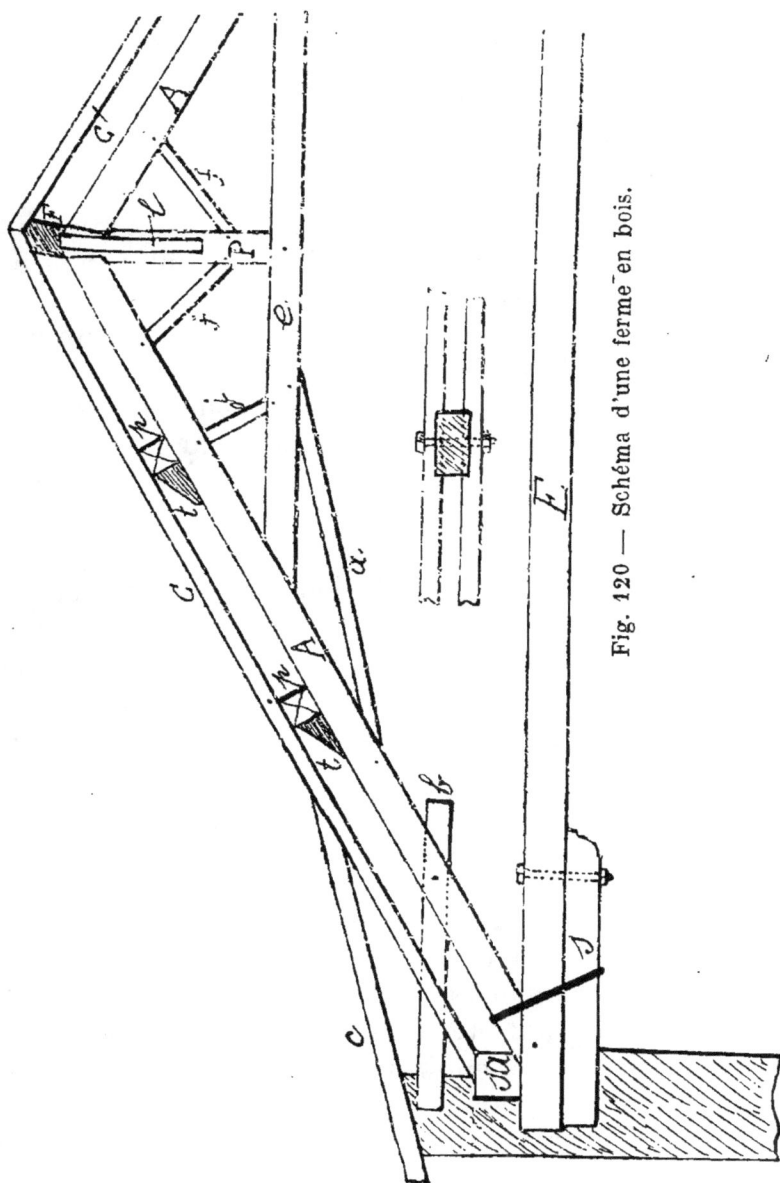

Fig. 120 — Schéma d'une ferme en bois.

P poinçon, soutient le tirant, est soumis à la traction.

f f contre fiches ou *liernes* soumises à la compression.

j jambette soumise à la compression.

F faîtage, délardé suivant les pentes du toit, soumis à la flexion ; il est réuni au poinçon par des liernes *l* ou *sous-faîtes* ou *lien de faîte*, soumises à la compression.

b est un *blochet* qui est le plus souvent formé par une *moise* représentée à part ; la moise se compose de deux madriers ou bastings serrés par un boulon sur l'arbalétrier.

p p sont les pannes recevant les chevrons *C* dont les bouts vont s'appuyer d'un côté sur le faîtage et de l'autre sur la *sablière SA*. Toutes ces pièces sont soumises à la flexion.

Les pannes sont arrêtées par des *tasseaux, chantignolles* ou *échantignolles t*, clouées ou assemblées sur les arbalétriers.

Le *coyau C* est un petit chevron posé sur le chevron et sur le haut du mur ou sur une sablière avec lesquels il est assemblé. Les coyaux n'ont leur raison d'être que dans les toits à très forte pente.

Dans les combles Mansard, la panne qui est à l'angle des deux pentes du toit se nomme *panne de brisis*.

Tous les assemblages des pièces composant une ferme sont faits à tenons et mortaises avec chevilles en bois. Spécialement, l'assemblage des arbalétriers avec le tirant doit être très solide : on le fait à tenon et mortaise avec embrèvement ou crémaillères et on le maintient par des liens en fer. Dans certaines fermes de grande portée, l'arbalétrier est assemblé dans un sabot en fer ou en fonte boulonné et encastré dans le tirant.

Les chevrons sont en bois de 6 × 8 ou 8 × 11, ils sont espacés entre 0 m. 35 et 0 m. 50 et reçoivent le lattis ou le voligeage sur lesquels est posée la couverture.

Les pannes sont distantes de 2 à 3 mètres.

L'espace entre les fermes est de 3 à 4 mètres.

Dans les toitures comportant une croupe, les arbalétriers qui forment les angles se nomment *arêtiers*.

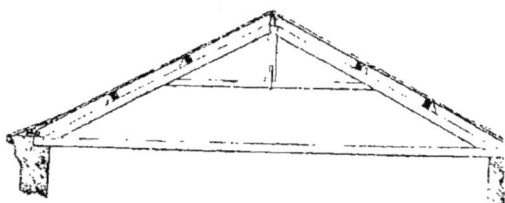

Fig. 121.

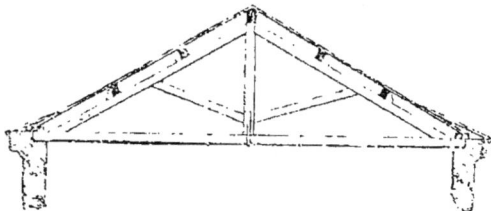

Fig. 122.

Pour les portées au-dessous de 10 mètres on constitue les fermes avec un nombre plus réduit de pièces. La figure 121 montre un comble avec entrait, entrait retroussé et poinçon, la figure 122 un comble avec entrait, poinçon et deux contrefiches. Pour les grandes portées, on soutient l'arbalétrier par des *sous-arbalétriers* et l'entrait par des *sous-entraits*, comme le montre la figure 123.

On peut aussi reporter une partie du poids de la charpente sur le corps des murs, en employant les formes des combles fig. 124 et 125, dans lesquels l'*entrait* est constitué par une poutre du plancher ; les arbalétriers

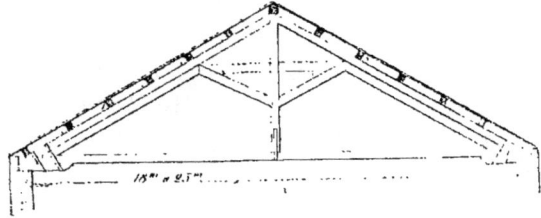

Fig. 123.

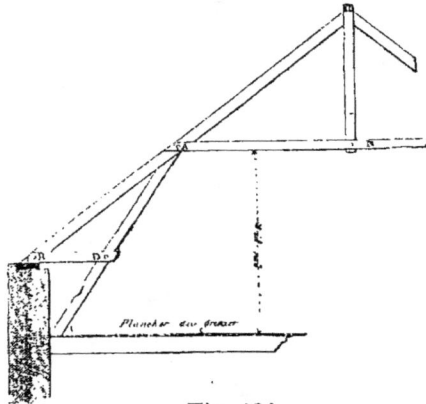

Fig. 124

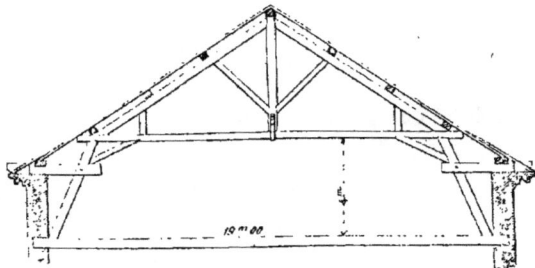

Fig. 125.

sont soutenus par des *blochets* et réunis par un entrait retroussé. Cette construction permet d'avoir des greniers élevés.

Dans les fermes ci-dessus, l'entrait retroussé ainsi que les blochets sont souvent constitués par des *moises* (fig. 120) entaillées et serrées par des boulons sur l'arbalétrier et le poinçon.

L'assemblage des arbalétriers avec le poinçon est fait à tenon et mortaise, chevillé, mais en outre, le poinçon est taillé en forme de *queue d'aronde* (fig. 120) afin de recevoir normalement la poussée des deux arbalétriers.

Voici comment s'établit l'équilibre d'une ferme de charpente des modèles ci-dessus : la charge tend

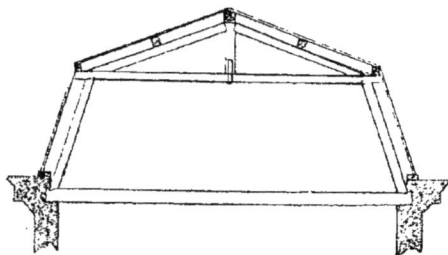

Fig. 126.

à faire fléchir l'entrait et à écarter l'un de l'autre les pieds des arbalétriers qui sont buttés à leur partie supérieure. En s'écartant, les arbalétriers tirent sur l'entrait, ce qui s'oppose à son fléchissement ; le poinçon prenant appui sur la *poutre armée* formée par les deux arbalétriers soutient le poids propre de l'entrait et la charge que peut supporter celui-ci. Toute cette charge se trouve ainsi reportée sur les murs du bâtiment par l'intermédiaire des arbalétriers.

La figure 126 montre la coupe d'un comble à la *Mansard*, la partie supérieure ou *faux-comble* repose sur deux *jambettes* presque verticales. Il est nécessaire de relier les jambettes à l'entrait au moyen de *liernes* ou *bras de force* (qui ne sont pas dessinés ici) de façon à rendre la partie trapézoïdale indéformable : cette partie ou *brisis* est limitée en haut par la *panne*

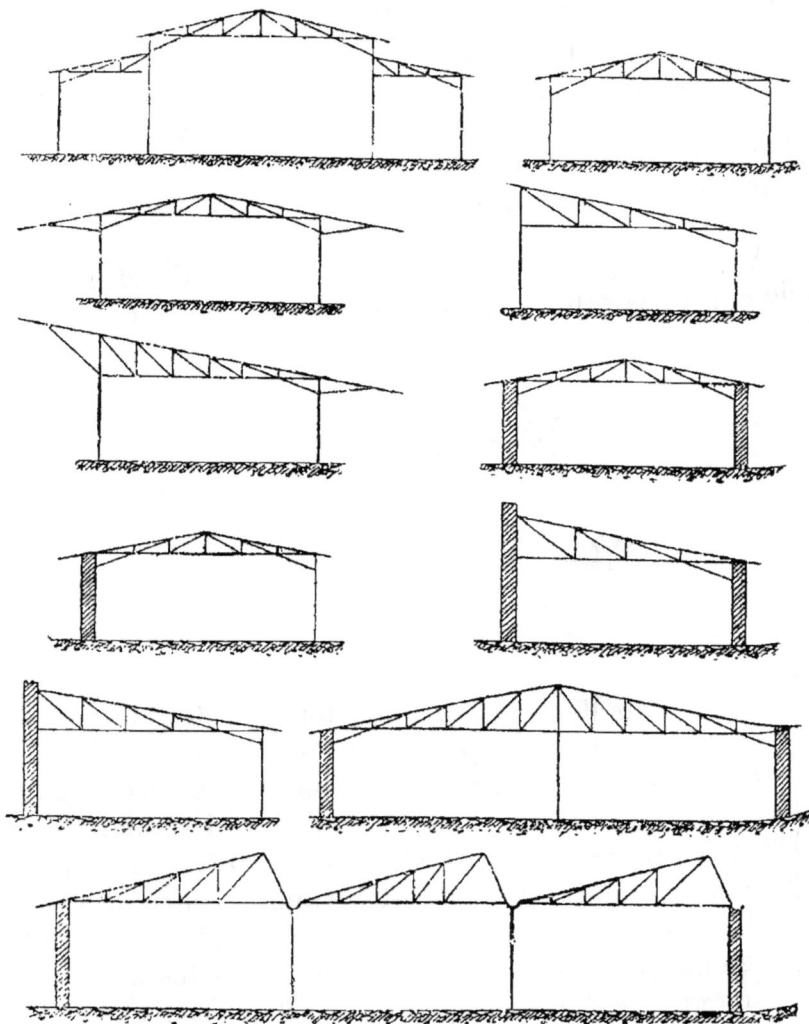

Fig. 127 à 137.

de brisis et en bas par les *sablières ;* entre ces deux poutres sont les *chevrons de brisis* qui reçoivent du zinc ou de l'ardoise.

Un comble brisé Mansard permet de faire des chambres de 2 m. 50 à 3 m. 50 de hauteur, mais ce sont des locaux très chauds en été et froids en hiver.

Pour déterminer les meilleures proportions d'un comble Mansard, M. Barré indique le procédé suivant[1] : « Si l'on inscrit la silhouette du comble dans une demi-circonférence, le brisis est le côté du décagone inscrit ; pour obtenir un comble plus élevé, on décrit

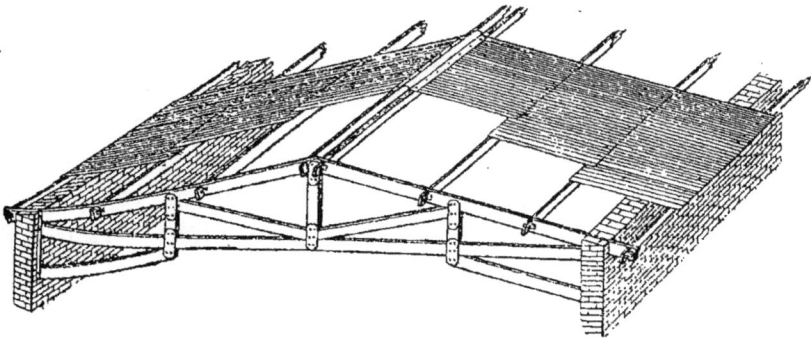

Fig. 138.

sur la base une demi-circonférence et, au point le plus haut, on mène une tangente dont la longueur est 4/3 du rayon ; c'est l'*entrait* du faux comble, lequel a pour hauteur 1/3 du rayon. »

Les figures 127 à 137 montrent l'emploi des fermes dites *américaines* qui sont utilisées pour des charpentes légères, de grande portée et avec toitures à faible pente. Ces fermes sont composées d'un entrait, d'un ou deux arbalétriers et d'un nombre convenable de *jambettes* ou *poinçons verticaux* avec des liernes obliques qui forment *moises* sur l'entrait et les arbalétriers. Ces fermes sont applicables à toute forme de charpente et spécialement aux combles Sheed pour usines (fig. 137).

La figure 138 montre une ferme du même genre,

dont le mode d'assemblage, avec des plaques de tôle formant crampon dans le bois et boulonnées, est dû à M. Laillet. Ce système permet de faire des charpentes légères, économiques et facilement démontables.

Ainsi qu'on le voit par nos gravures, les fermes américaines réalisent une triangulation régulière qui donne à l'ensemble une grande rigidité et permet d'employer des bois de faible échantillon ; ces fermes se font en madriers 8/22 et en bastings 6/16 ; souvent on fait en fer les parties qui travaillent à la traction, c'est-à-dire les liernes obliques et les entraits.

Les figures 139 et 140 montrent deux schémas de combles retroussés dans lesquels l'entrait est remplacé par de grandes moises articulées sur les arbalétriers et entre elles.

La figure 141 est à gauche, une ferme Polonceau, à une seule contrefiche et à droite à deux contrefiches.

Dans ces fermes le tirant se fait généralement en fer avec un serrage à lanterne permettant de régler exactement sa longueur. Les combles Polonceau se font jusqu'à 35 mètres de portée.

La figure 142 est un comble retroussé avec moises blochets et liernes de soutien.

La figure 143 montre un autre système de comble retroussé consolidé par des blochets et des liernes et supportant un plancher par des tirants en fer. La figure 144 est un comble d'atelier avec lanterneau ; les arbalétriers sont renforcés par des sous-arbalétriers. La figure 145 est une charpente de hangar sur poteaux, et la figure 146 une charpente pour très grande portée dans laquelle les arbalétriers doivent nécessairement être soutenus vers leur base par des sous-

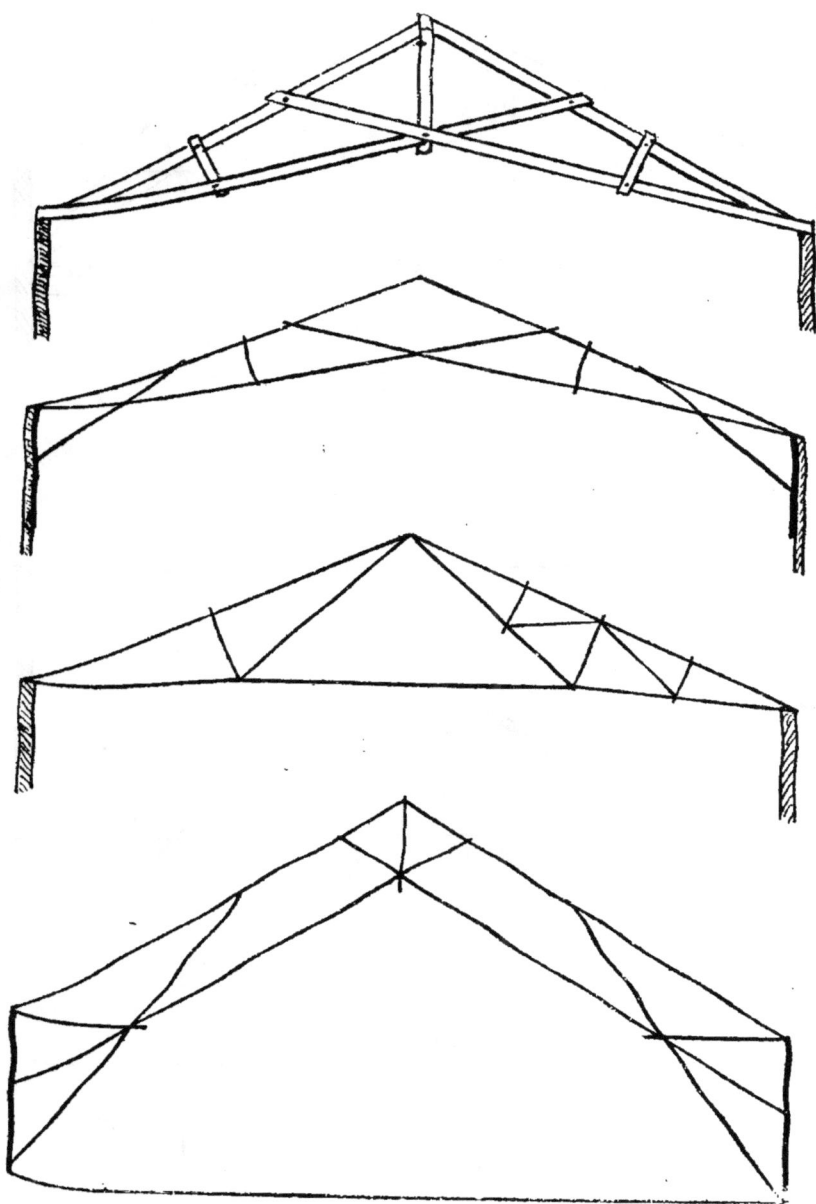

Fig. 139 à 142.

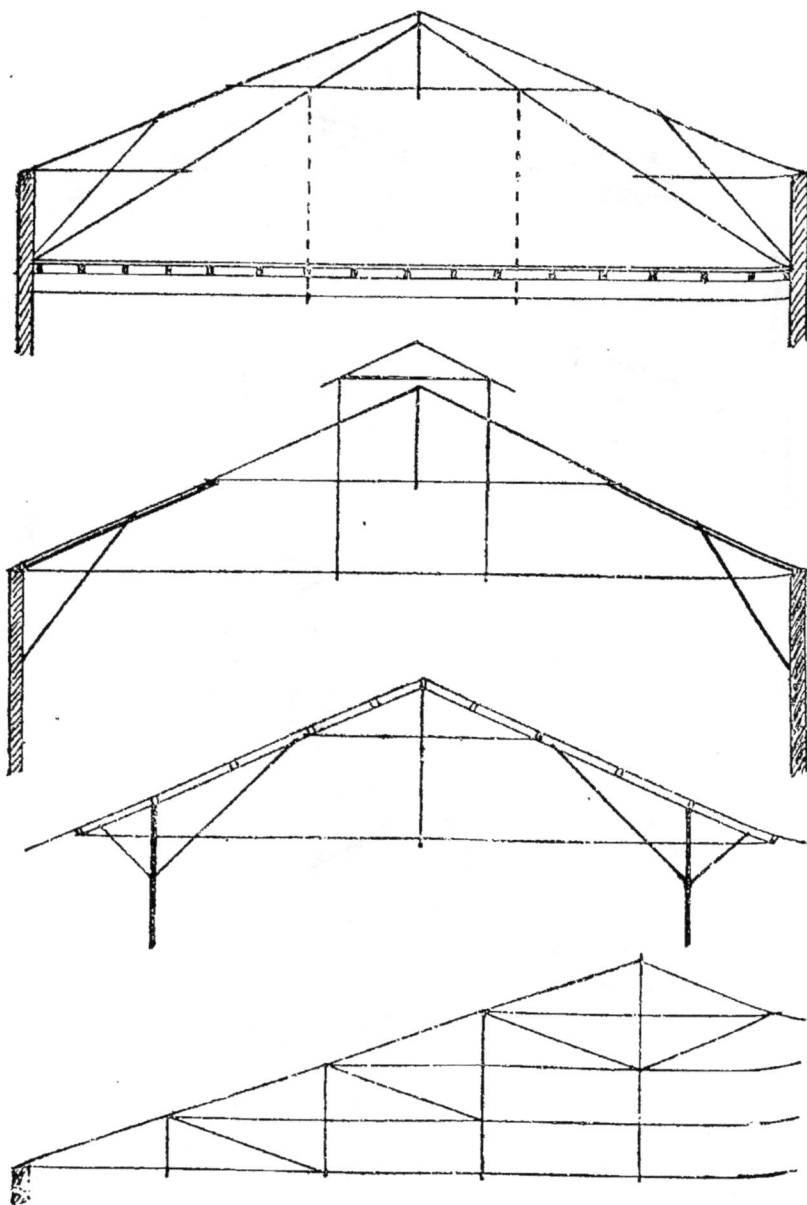

Fig. 143 à 146.

arbalétriers qui ne sont pas indiqués sur le schéma ci-joint.

La figure 147 montre la construction d'un hangar sur poteaux avec entrait retroussé ; ce système convient pour des hangars couverts en matériaux légers.

On pourrait faire un volume entier avec des croquis de ferme de charpentes, nous devons nous borner à indiquer ici les plus usités et les plus économiques. En principe toute combinaison de ferme de charpente est bonne du moment qu'elle comporte une triangu-

Fig. 147.

lation qui la rend indéformable et que ses diverses pièces se soutiennent mutuellement pour éviter de trop grandes portées qui risqueraient de *fléchir* ou de *flamber*, c'est-à-dire de se coucher sous la charge. Mais toutes les combinaisons de charpentes pour combles ne sont pas également économiques sous le rapport de l'emploi du bois. Dans les anciennes constructions on a généralement employé beaucoup plus de bois qu'il n'en aurait fallu ; aujourd'hui que le bois est très cher, on a avantage à construire suivant les systèmes dits *américains* ou *articulés* qui comportent l'emploi de nombreuses moises avec boulons et tirants en fer. C'est dans ce sens que nous avons choisi les exemples ci-dessus.

Les combles *Pombla* (fig. 148), sont composés d'un

madrier courbé par un tirant en fer rond avec serrage à lanterne. Sur le madrier sont assemblés les arbalétriers par des jambettes et des liernes en bois.

Fig. 148.

Dans toutes les constructions légères de ce genre où l'on emploie le fer et le bois, les parties soumises à la compression se font en bois ou en fonte et les pièces soumises à la traction se font en fer ; on a ainsi une bonne et économique utilisation de ces matériaux étant données leurs qualités respectives.

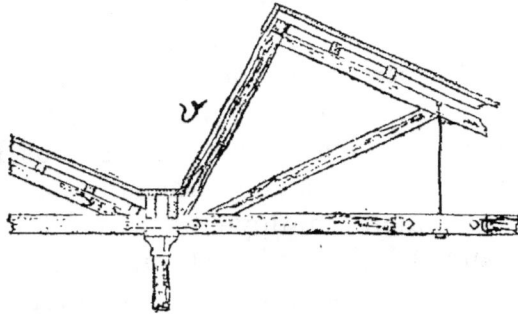

Fig. 149.

Les combles Sheed sont employés pour toitures d'ateliers (fig. 149). Le côté vertical est vitré et exposé au nord, de préférence à toute autre orientation, afin d'éviter le soleil ardent. Le côté incliné est généralement couvert en tuiles ou en zinc. Les chéneaux ou *noues* qui relient deux combles Sheed doivent être profonds et larges pour recevoir la neige qui tend à s'amasser entre les pentes de la toiture en *dents de scie* formée par une suite de combles Sheed.

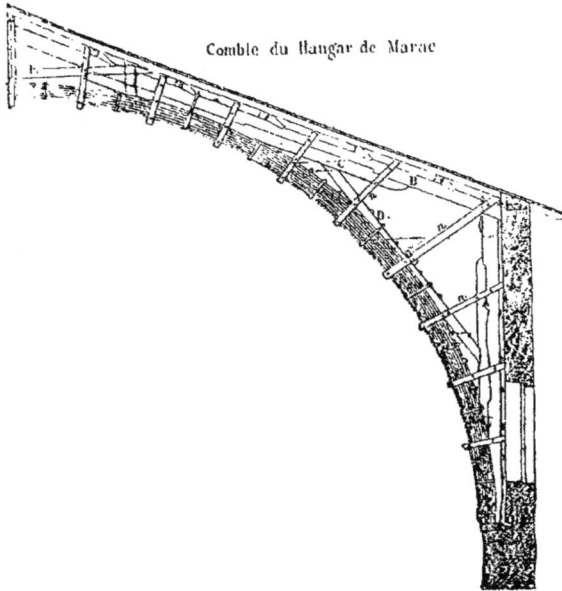

Comble du Hangar de Marac

Fig. 150.

Les combles *Philibert Delorme* ne sont plus guère usités aujourd'hui ; ils se composent d'une série de cintres en planches chevillées ensemble et formant une voûte plus ou moins élevée .

Les combles *Emy* (fig. 150) sont formés à l'intrados d'un arc en plein cintre construit avec des madriers jointifs courbés et reliés ensemble par des ferrures ; à l'extrados de deux poteaux verticaux, de deux arbalétriers, de deux aisseliers et d'un entrait moisés. Le tout est relié par des moises pendantes, des bou-

lons et des étriers en fer. La portée peut être de 20 à
30 mètres.

Le comble du général Ardant représenté figure 151
est d'une construction analogue à celle du colonel
Emy, mais elle est plus simple et convient pour de
grands combles de grande hauteur.

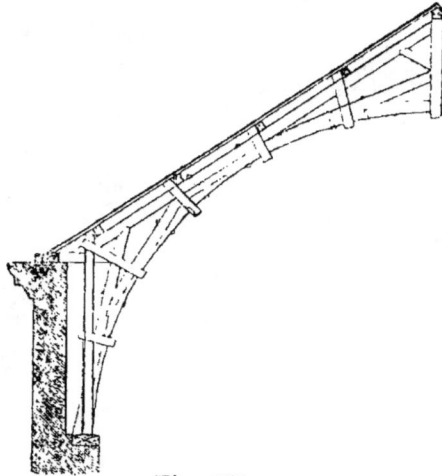

Fig. 151.

Efforts latéraux. Roulement. — Les combles sont
soumis à des efforts latéraux provenant du vent ou
d'inégalités de la charge qu'ils supportent. Quand un
comble est maintenu entre deux pignons très rapprochés, ce sont ces pignons qui s'opposent à la déformation latérale de la charpente : les pannes, faîtage et sablières sont scellés dans les murs pignons.
Mais, dès que le comble comporte plusieurs fermes,
il est nécessaire d'empêcher leur *roulement latéral*
en les *contreventant* au moyen de *liernes* ou *bras de
force* qui relient les poinçons aux faîtages, les poteaux
aux sablières et même, dans certains cas de fermes
à grande portée, les jambettes ou moises aux pannes.

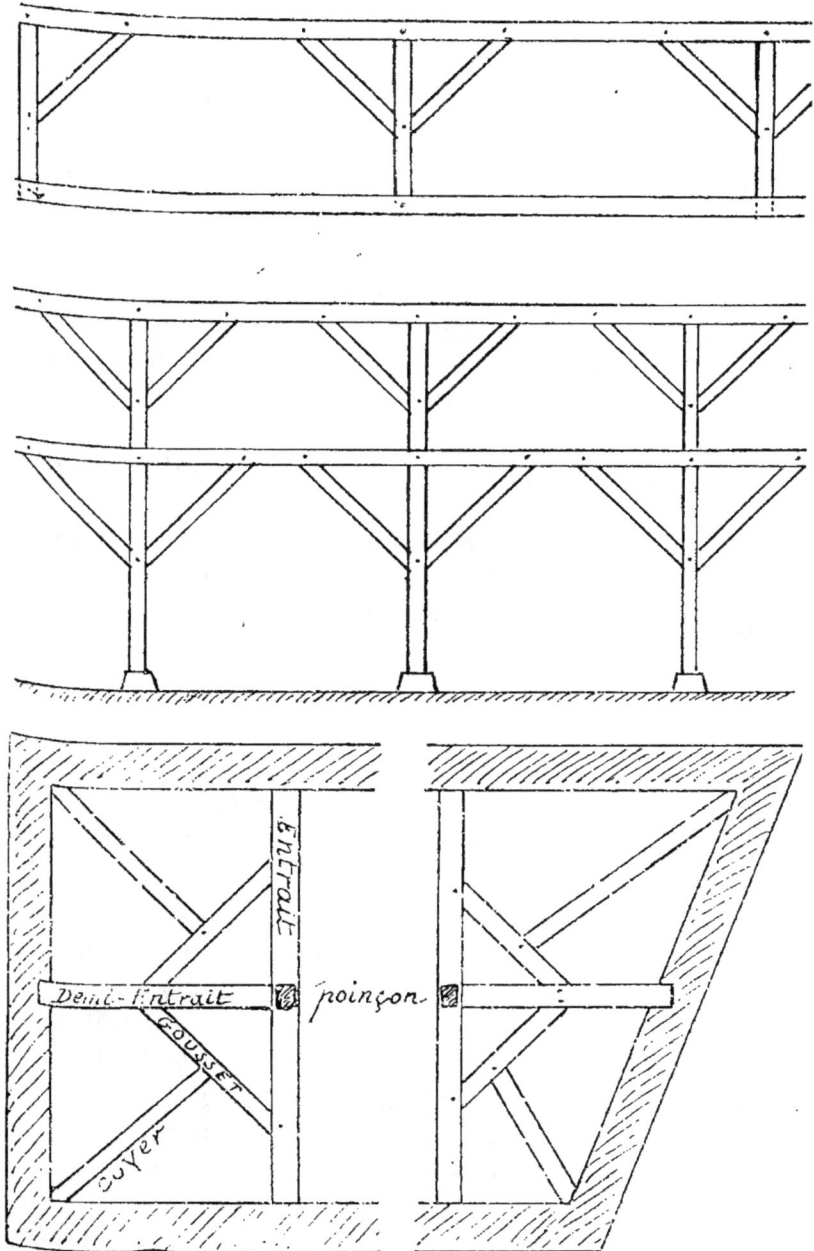

Fig. 152 à 155.

La figure 152 montre la liaison d'un faîtage avec les poinçons et l'entrait. La figure 153 montre un plancher avec comble au-dessus, le tout sur poteaux est contreventé par deux rangs de liernes. La figure 147 montre l'emploi des liernes pour contreventer latéralement un hangar. Même quand il existe un remplissage en maçonnerie entre les poteaux, il est bon de les trianguler avec les sablières.

On obtient aussi un bon contreventement latéral des combles en reliant le faîtage au *sous-faîte* par de grandes *croix de Saint-André* qui entretoisent le faîtage, les poinçons et le *sous-faîte*.

M. Devillez indique le moyen suivant de donner de la stabilité latérale aux combles : en clouant les voliges sur les chevrons et en les inclinant dans un sens pour une partie de la couverture et dans un autre sens pour une partie voisine ; ces changements d'inclinaison se renouvellent de distance en distance.

Croupes. — Les *croupes* (fig. 110 et 111) servent à terminer l'about d'une toiture ou à relier deux corps de bâtiment se croisant sous un angle quelconque. La croupe s'appuie sur la dernière ferme de long-pan dont on voit l'*entrait* et le poinçon sur la figure 154. De cet endroit part un *demi-entrait* qui va jusqu'au mur perpendiculaire ; deux *goussets* supportent deux coyers qui vont aux angles du bâtiment ; les arbalétriers de la croupe partent du sommet du poinçon et vont aboutir aux bouts des coyers et du demi-entrait ; les arbalétriers d'angle, plus longs que les autres, se nomment *arêtiers*. La figure 155 montre le même dispositif adapté à une *croupe biaise :* dans l'une et l'autre les axes des coyers et du demi-entrait doivent passer par l'axe du poinçon. Le demi-entrait et son arbalétrier, forme la demi-ferme de croupe, les

coyers avec les arêtiers forment les *demi-fermes d'arêtier*.

Les figures 156 et 157 montrent l'une le plan d'une
croupe en bout d'un bâtiment, l'autre le plan d'une
croupe à la réunion de deux corps de bâtiment à angle
droit.

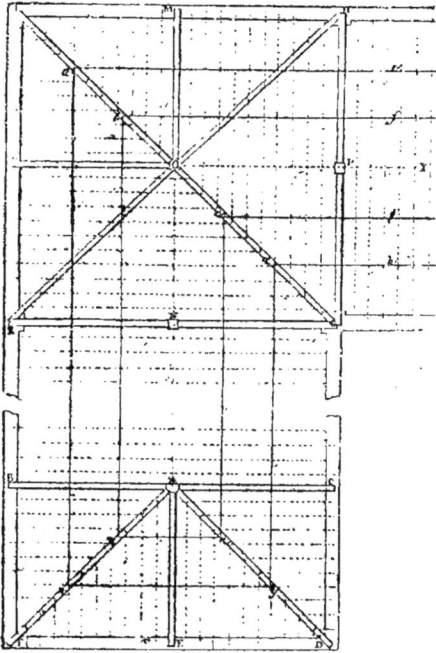

Fig. 156-157.

Dans ces figures, on voit comment les pannes des
longs-pans viennent se réunir bout à bout avec les
pannes de croupe, sur la partie supérieure des arêtiers.
On voit que tous les chevrons sont parallèles mais de
plus en plus courts quand on se rapproche des angles
du bâtiment.

Ces chevrons appelés *ampanons*, portent en bas
sur la sablière et en haut sur l'arêtier.

La poussée des arêtiers, de l'arbalétrier de croupe et des chevrons est soutenue par les coyers et le demi-entrait et ne se fait pas sentir sur les murs.

Un *toit en pavillon* est la réunion de deux croupes adossées par une ferme de long-pan, sa construction représente donc deux fois les figures 154 ou 156 adossées respectivement.

Combles de clochers. — Les combles de pigeonnier, de clochers ou flèches sont constitués comme les croupes par un poinçon *p* (fig. 158 et 159), reposant

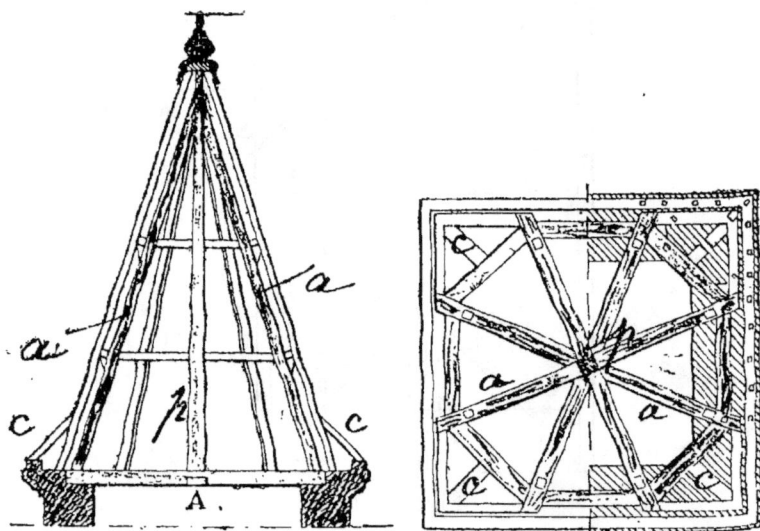

Fig. 158 et 159.

sur un entrait tout autour du centre duquel rayonnent des demi-entraits *a* et des coyers *c* soutenus par des goussets.

Les arbalétriers-arêtiers s'assemblent tous en haut du poinçon que l'on fait polygonal avec autant de côtés qu'il y a d'arêtiers à assembler.

L'écartement des arêtiers est maintenu par des

pannes assemblées à diverses hauteurs et qui reçoivent le chevronnage.

Combles sphériques. — Les combles de dômes, ou
sphériques, sont composés de demi-fermes ou poutres
composées comme le montre la figure 160, se réunissant à un poinçon au sommet. Ces demi-fermes sont
ancrées ensemble et avec le poinçon par des ferrures
solides.

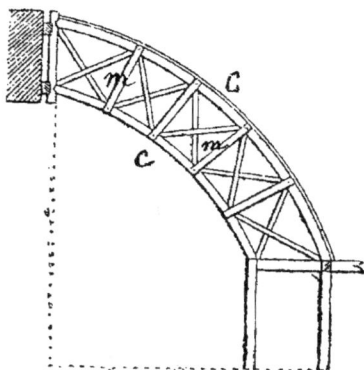

Fig. 160.

Dimensions des combles. — Pour calculer les divers
éléments d'un comble il faut déterminer la charge
qu'il aura à supporter et qui se compose :

1° Du poids propre du comble dont on évalue le cube
de bois à environ 0 mc. 070 par mètre carré de surface
couverte pour un comble moyen et 0 mc. 100 par mètre
carré de surface couverte pour un grand comble.

2° Du poids de la couverture qui doit être calculé
sur la surface effective de la toiture.

Le tableau ci-après donne les poids approxi-
matifs des toitures et les pentes à adopter selon le
genre de couverture.

NATURE de la COUVERTURE	Poids du mètre carré mis en place	Pente du toit	Poids de la charpente par m. q. de toiture
	kilos :	Degrés :	kilos :
Bardeaux chêne	44	45	45
— sapin	22	45	34
Tuiles plates	82 à 85	27 à 60	50
Autres tuiles à sec	80	21 à 27	50
Tuiles creuses maçonnées .	138	do	50
Ardoises	24 à 28	33 à 45	45
Zinc, tôle, plomb	6 à 8	18 à 25	34
Papier goudronné	6 à 8	18 à 25	30
Fibro-ciment	10	18 à 25	35
Verre	8	18 à 25	35

Il faut ajouter à ces poids la charge possible de neige suivant les pays, 10 à 25 kilos par mètre carré, et la pression du vent suivant la pente du toit.

En France on peut estimer comme suit la surcharge due à la pression du vent.

Pente de 18 à 25°, surcharge du vent, 10 à 15 kilos par m. q.
 — 25 à 35° —   15 à 25 —
 — 35 à 60° —   20 à 30 —

Les chiffres les plus élevés de ce tableau étant pris dans le cas de toitures au bord de la mer et dans les grandes plaines très exposées aux vents.

Par exemple, pour une toiture en tuiles dans une région très exposée au vent, on aura :

Poids de la charpente .... 50 kilos
 — tuile .... 80 —
Neige .... 20 —
Vent .... 25 —
Charge totale .... 175 kilos

par mètre carré de toiture.

Pour avoir le poids par mètre carré de surface couverte, il suffit de multiplier ce chiffre par $\dfrac{1}{cos\ \alpha}$ α étant l'angle de pente du toit.

Le tableau ci-dessous donne les angles de pente
pour les diverses portées et hauteur de combles.

Portée de la ferme	Hauteur du comble	Pente du toit par mètre	Angle de pente	Valeur de cos α.
2	1	1	45°	0.707
3	1	0.666	33°6	0.832
4	1	0.50	26°5	0.894
5	1	0,40	22°	0.928
6	1	0.333	18°5	0.948
7	1	0.285	16°	0.96
8	1	0.25	14°	0.97
9	1	0.22	12°5	0.976
10	1	0.20	11°3	0.98

Rondelet dit que la pente des toits doit être propor-
tionnée à la latitude du pays, c'est-à-dire que les
pentes des toits doivent augmenter au fur et à mesure
que l'on se rapproche des pôles de la terre. Il conseille
de prendre la latitude du lieu et d'en retrancher la
latitude du tropique qui est de 23°5 environ; on a
ainsi l'angle de pente convenable pour les toitures.

Ainsi Lyon étant à 45°5 environ, si l'on retranche
de ce chiffre 23°5, il reste 22 degrés pour l'inclinaison
des toits à Lyon.

Paris étant à 49° de latitude, en retranchant 23°5,
il reste 25°5 pour la pente des toits à Paris. Mais cette
règle doit être modifiée selon le genre de couverture
qui exige plus de pente avec des tuiles plates ou des
ardoises qu'avec des tuiles romaines ou du zinc;
elle doit surtout être modifiée selon l'exposition des
toitures et le régime des vents dans la région. C'est
ainsi que les toits exposés au sud ou à l'ouest dans les
régions de Paris et de l'ouest de la France doivent
avoir plus de pente que ceux exposés au nord ou à

l'est, car les grandes pluies viennent généralement du sud et de l'ouest.

Il n'y a donc pas de règle absolue en cette matière.

Calcul des équarrissages des bois pour combles. — On établira la charge supportée par chaque pièce du comble et on déterminera si cette pièce travaille à la compression, à la traction ou à la flexion ou si elle subit des efforts multiples de compression et de flexion (cas des arbalétriers). Le calcul des équarrissages sera fait selon les indications données ci-dessus à propos de la résistance des poutres. Ci-après nous reproduisons deux tableaux où l'on trouvera des approximations sur la force des bois à employer dans les toitures ordinaires.

Lucarnes. — Les lucarnes se font en *arc de décharge* reposant sur deux chevrons *cc* dits *chevrons de jouée* qui supportent un *linçoir l* ou traverse hori-

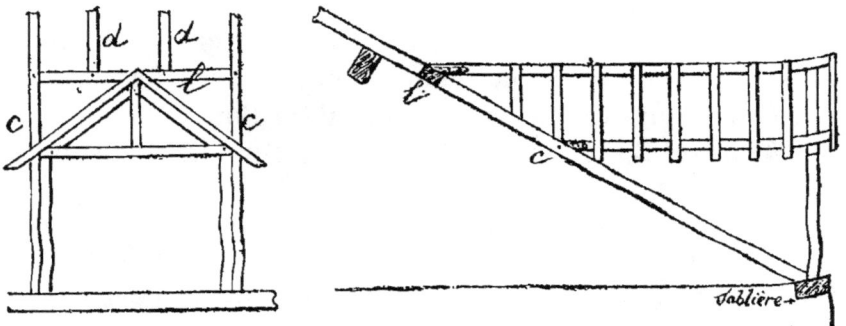

Fig. 161.

zontale de décharge sur laquelle viennent reposer les chevrons *dd* qui sont coupés pour former la lucarne: celle-ci se compose d'une petite toiture formée d'un *faîtage* et de deux *sablières* ancrés dans les chevrons de jouée et dans le linçoir et reposant en avant

Équarrissage des bois pour combles de 9 à 24 mètres (d'après Nystrom).

DÉSIGNATION des PIÈCES	PORTÉE EN MÈTRES								
	9 mètres cm	10 mètr. cm	12 mètr. cm	14 mètr. cm	15 mètr. cm	17 mètr. cm	18 mètr. cm	21 mètr. cm	24 mètr. cm
Entrait ou tirant principal	13 × 18	15 × 18	15 × 20	18 × 20	20 × 23	20 × 30	23 × 28	25 × 28	25 × 30
Arbalétriers	13 × 13	13 × 15	15 × 18	18 × 18	20 × 20	20 × 23	23 × 23	23 × 25	25 × 28
Entrait retroussé	13 × 13	13 × 15	15 × 18	18 × 20	20 × 20	20 × 23	23 × 23	23 × 25	25 × 28
Chevrons	5 × 13	5 × 13	5 × 15	5 × 15	5 × 18	5 × 15	5 × 18	6 × 20	8 × 23
Pannes	13 × 15	13 × 15	13 × 15	15 × 18	15 × 20	15 × 20	15 × 23	15 × 23	15 × 23
Contrefiches	8 × 10	8 × 13	8 × 15	10 × 18	10 × 20	13 × 20	13 × 23	15 × 23	15 × 23
Poinçon en fer	2.5	2.5	2.5	3	3	3.5	4	4.5	5
Poinçon en bois	13 × 13	13 × 13	15 × 15	18 × 18	20 × 20	20 × 20	23 × 23	25 × 25	27 × 27
Boulons	2	2	2	2	2	2.5	3	3	3.5

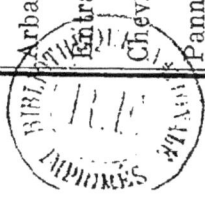

Equarrissage des bois dans les combles (1)

DÉSIGNATION des PIÈCES	Ferme simple Portée de :		Ferme à entrait retroussé et arbalétrier allant du faîte au tirant Portée de :	
	6 mètres	12 mètres	6 mètres	12 mètres
Tirant ne portant pas plancher .	0,27×0,24	0,40×0,36	»	»
Tirant portant plancher	0,32×0,27	0,47×0,37	0,43×0,20	0,63×0,45
Entrait retroussé	»	»	0,21×0,19	0,33×0,30
Jambes de force .	»	»	»	»
Arbalétriers	0,22×0,19	0,32×0,30	0,22×0,19	0,32×0,30
Poinçon	0,19×0,19	0,30×0,30	0,19×0,19	0,30×0,30
Contrefiches et jambettes ...	0,16×0,16	0,21×0,21	0,15×0,15	0,22×0,22
Aisseliers	»	»	0,19×0,15	0,30×0,22
Faîtage	0,19×0,19	0,22×0,19	0,19×0,16	0,22×0,19
Liens de faîte ...	0,15×0,15	0,17×0,17	0,15×0,15	0,17×0,17
Paumes, tasseaux chantignoles .	0,19×0,19	0,22×0,22	0,19×0,19	0,22×0,22
Liernes	»	»	»	»
Sablières	0,12×0,23	0,16×0,28	0,12×0,23	0,16×0,28
Blochets	»	»	»	»
Chevrons	0,09×0,09	0,11×0,11	0,09×0,09	0,11×0,11
Coyaux	0,08×0,07	0,10×0,09	0,08×0,07	0,01×0,09
Chanlattes	0,16×0,03	0,20×0,05	0,18×0,03	0,20×0,05

(1) Extrait des *Constructions Civiles* de E. Barberot, architecte.

Equarrissage des bois dans les combles (1)

DÉSIGNATION des PIÈCES	Ferme à entrait retroussé et jambes de forcé Portée de :		Combles à la Mansard Portée de :	
	6 mètres	12 mètres	6 mètres	12 mètres
Tirant ne portant pas plancher ..	»	»	»	»
Tirant portant plancher	0,42×0,30	0,63×0,45	0,42×0,30	0,63+0,45
Entrait retroussé	0,21×0,19	0,33×0,30	0,23×0,20	0,36×0,33
Jambes de force .	0,24×0,19	0,35×0,30	0,22×0,20	0,34×0,33
Arbalétriers	0,18×0,15	0,27×0,22	0,20×0,18	0,30×0,28
Poincon	0,15×0,15	0,22×0,22	0,18×0,18	0,28×0,28
Contrefiches et jambettes ...	0,14×0,14	0,18×0,18	0,14×0,14	0,18×0,18
Aisseliers.......	0,19×0,15	0,30×0,22	0,20×0,13	0,33×0,22
Faîtage	0,19×0,16	0,22×0,19	0,19×0,16	0,22×0,19
Liens de faîte ...	0,15×0,15	0,17×0,17	0,15×0,15	0,17×0,17
Paumes, tasseaux chantignoles ..	0,19×0,19	0,22×0,22	0,19×0,19	0,22×0,22
Liernes.........	0,19×0,19	0,22×0,22	0,20×0,20	0,23×0,23
Sablières	0,12×0,23	0,16×0,28	0,12×0,23	0,16×0,28
Blochets	0,18×0,14	0,22×0,16	0,18×0,14	0,22×0,16
Chevrons	0,09×0,09	0,11×0,11	0,09×0,09	0,11×0,11
Coyaux	0,08×0,07	0,10×0,09	0,08×0,07	0,10×0,09
Chanlattes	0,16×0,03	0,20×0,05	0,16×0,03	0,20×0,05

(1) Extrait des *Constructions Civiles*, de E. Barberot, architecte.

sur deux *arêtiers* et sur deux jambages en bois ou en maçonnerie surmontés d'un linteau formant entrait et d'un poinçon comme le montre la figure 161.

Les *lucarnes* et *œils-de-bœuf* ne doivent jamais faire saillie sur le mur extérieur. Le règlement du 23 juillet 1884 ordonne qu'à Paris l'ensemble des largeurs des lucarnes d'un bâtiment ne doit pas excéder les 2/3 de la longueur de la façade du bâtiment. Les toitures de ces lucarnes ne doivent pas faire saillie de plus de 0 m. 50 sur le périmètre légal mesuré suivant le rayon dudit périmètre.

CHAPITRE VIII

Constructions démontables

Ces constructions peuvent être conçues de deux manières différentes :

1° Une charpente démontable formant toute la

Fig. 162.

carcasse du bâtiment et sur laquelle viennent se fixer avec des boulons et des agrafes en fer des panneaux en bois pleins ou formant portes et fenêtres (fig. 162).

2º Un certain nombre de panneaux en bois à double épaisseur assemblés avec des boulons, des tringles
ou des agrafes en fer et formant les murs et cloisons
du bâtiment. Sur ces murs en bois viennent se
boulonner les fermes d'une charpente légère recou-
verte de panneaux de toiture ou de tôle ondulée gal-
vanisée.

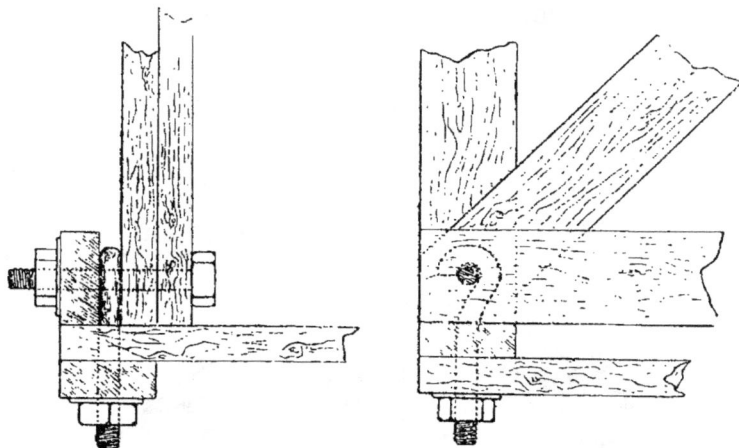

Fig. 163.

Les constructions démontables à double paroi en
bois coûtent généralement plus cher qu'une construction en maçonnerie et présentent moins de confortable et plus de risque d'incendie. La meilleure solution des constructions démontables, qui doivent séjourner un certain temps dans le même endroit, consiste à faire une charpente démontable formant toute
la carcasse et la toiture du bâtiment et à remplir les
intervalles avec des maçonneries légères en briques
ou en carreaux de plâtre maçonnés au plâtre. Les
parquets et plafonds sont faits avec des panneaux de
bois et la toiture en tôle ondulée. On obtient ainsi
des constructions peu coûteuses et que l'on peut dé-

placer en perdant seulement la valeur de la main-d'œuvre et du plâtre nécessaires à l'exécution des maçonneries de remplissage. Ces constructions reviennent moins cher que celles à panneaux de bois et sont plus confortables.

Charpentes démontables à éléments interchangeables de R. Champly. — Nous avons fait breveter en 1909 un système très simple pour construire des charpentes légères au moyen de poutrelles assemblées par un boulon et un crochet avec partie filetée et écrou, comme le montre la fig. 163 : le boulon serre les poutrelles dans un plan et le crochet, accroché sur le boulon, serre les poutrelles dans un plan perpendiculaire. Cet assemblage est très rigide et très solide. En calculant la longueur des poutrelles de manière qu'elles soient entre elles comme 1, $\sqrt{2}$, $\sqrt{3}$ et 2, nous pouvons construire avec ces poutrelles, interchangeables entre elles, toutes sortes de charpentes de toutes formes et de toutes dimensions avec toiture en pente de 30 degrés. La fig. 164 montre l'application de notre système d'assemblage des bois à un échafaudage roulant démontable de 8 mètres de hauteur. Ce procédé est aussi appliqué à des baraques démontables, à des hangars forains et pour aéroplanes.

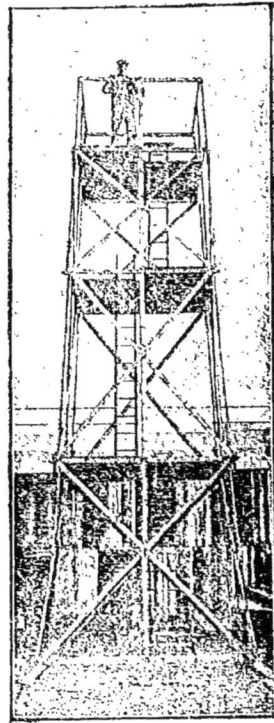

Fig. 164.

CHAPITRE IX

Echafaudages, Etaiements, Cintres

Les *échafaudages* ou *échafauds* se font *verticaux* pour la construction des murs et les ravalements, horizontaux pour les plafonnages, voûtes et rejointoiements, volants pour les petits travaux de rejointements et de peinture.

Pour l'édification des échafaudages, on emploie des *échasses*, *écoperches* ou *baliveaux* en *sapin*, *mélèze* ou *aulne* plus ou moins gros selon la charge que l'échafaud doit supporter et longs de 4 à 15 mètres selon la hauteur. Pour les grandes hauteurs, on joint bout à bout les écoperches avec une ligature très solide en cordages, comme le montre la fig. 165. Les échafaudages sont verticaux, reliés aux murs du bâtiment par des *boulins* en chêne ou en frêne de 2 m. 50 de longueur scellés dans le mur par des patins en plâtre et ligaturés sur les écoperches (fig. 165). Les écoperches sont scellées dans le sol avec du plâtre. On relie les écoperches entre elles et les boulins entre eux avec des *filières* qui sont des planches ou des écoperches placées horizontalement et ligaturées sur les boulins et les écoper-

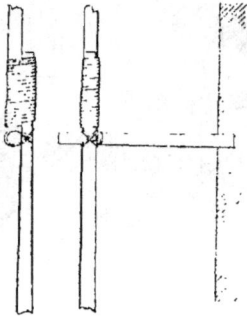

Fig. 165.

ches verticales. On met généralement les rangées de boulins à 1 m. 80 les unes des autres en hauteur et les écoperches à 2 mètres de distance horizontale. Les

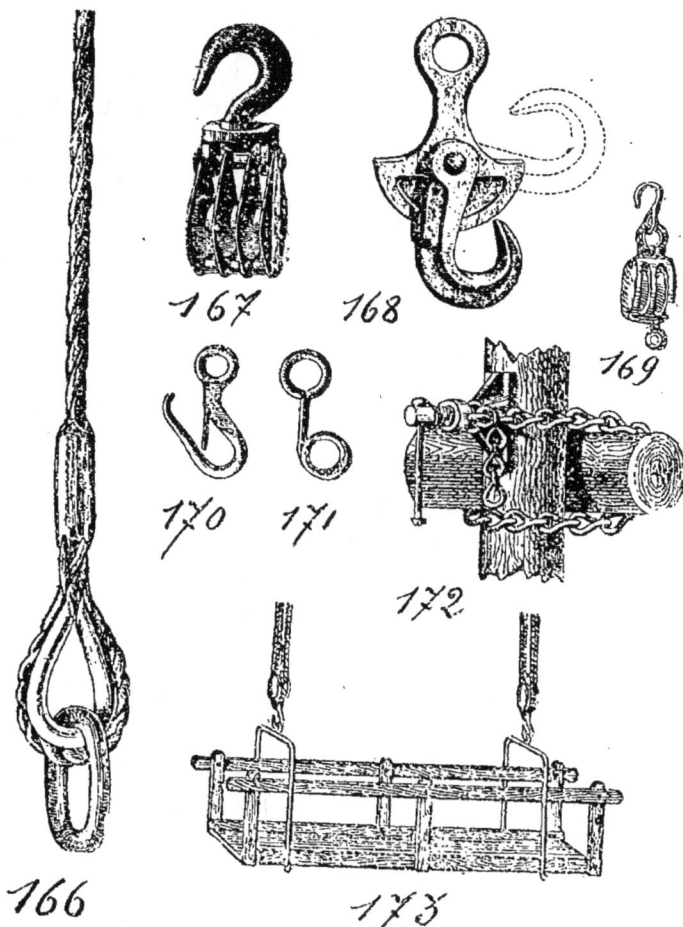

Fig. 166 à 173.

cordages d'assemblage se nomment *troussières*. Sur les boulins, on pose des planches de 3 à 5 centimètres d'épaisseur pour former une plateforme continue sur laquelle les ouvriers peuvent déposer les matériaux et travailler à l'aise.

Les échafaudages horizontaux se font sur tréteaux ou sur des *morizets* qui sont des boulins de 4 mètres environ de longueur. On étaie les planches en dessous avec des boulins posés debout.

La fig. 166 représente un câble d'acier avec cosse et anneau pour le levage des matériaux sur les échafaudages au moyen d'un treuil ; les fig. 167 et 169 des palans en acier et en bois avec poulies en cuivre et les fig. 168, 170 et 171 des *crochets de sûreté* employés pour le levage des matériaux.

La fig. 172 montre un procédé pour l'assemblage des écoperches et des boulins au moyen d'une chaîne et d'une presse à vis. Ces chaînes remplacent les *troussières* dans les échafaudages importants ; elles rendent des services pour la construction des ponts et charpentes provisoires.

La fig. 173 montre un échafaudage volant soutenu par deux palans et accroché à des potences provisoirement établies au sommet du mur. Cet échafaudage sert surtout aux travaux de peinture et de ravalement.

Quelquefois l'échafaudage se réduit simplement à une sellette accrochée par des *bretelles* à une *corde à nœuds*. L'ouvrier assis sur la sellette a les jambes munies de lanières avec des crochets qui se prennent sur la corde à nœuds.

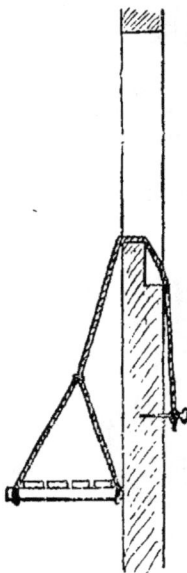

Fig. 174,

On fait aussi un échafaudage léger avec des cordes supportant des boulins, comme le montre la fig. 174, de façon à former une suite d'étriers d'environ 1 m. 50 de largeur sur lesquels on pose les planches.

Les échafaudages *en bascule* se font comme le montre la fig. 174 *bis* avec des poutrelles en porte à faux sur les appuis des fenêtres; le mouvement de bascule est empêché par des *étais* verticaux posés entre la *queue* de la poutrelle et le plafond de l'étage. Si l'on emploie le dispositif de la fig. 175 où l'échafaudage est supporté par des boulins inclinés, il faut avoir soin d'*ancrer* très solidement les boulins hori-

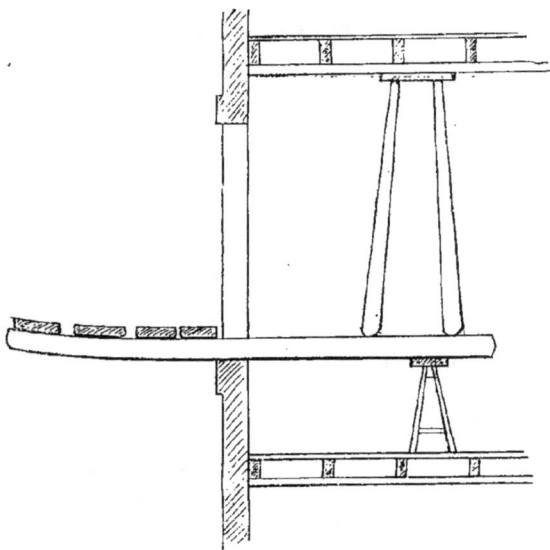

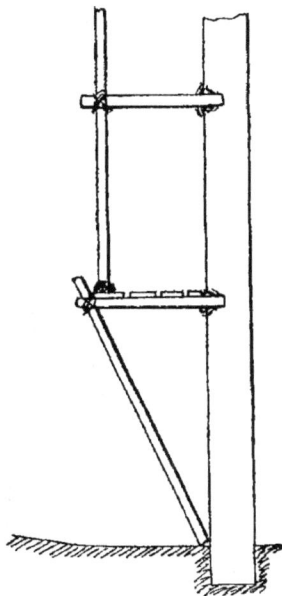

Fig. 174 *bis*. Fig. 175.

zontaux dans le mur, soit par des scellements, soit avec des cordages, car l'échafaud tend à s'écarter du mur.

La fig. 176 montre un système d'échafaudage composé de fortes échelles verticales réunies entre elles par des *filières* et des *croix de Saint-André*, le tout assemblé par des boulons. Ce système d'échafaudage est très solide et permet d'atteindre de grandes hauteurs avec sécurité pour les ouvriers. Il y a une échelle tous les 2 mètres.

Les échelles servant à la montée des ouvriers et des

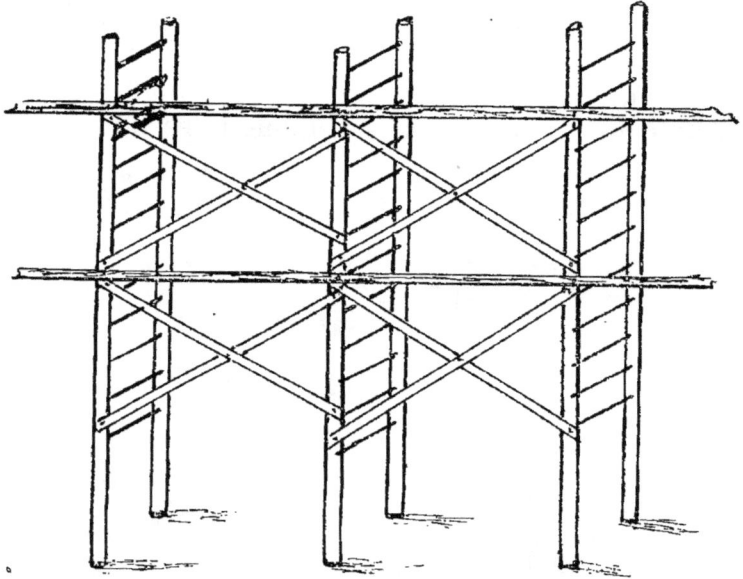

Fig. 176.

matériaux sur les échafaudages doivent être très solides et être attachées à leur sommet avec un cordage sur la filière de l'échafaudage. Si l'échelle est très longue et risque de fléchir, on la soutient au milieu par des écoperches liées avec des cordes sur les montants de l'échelle.

Sapines et chèvres. — Quand on doit construire un immeuble important, on élève sur le trottoir une sapine formée de quatre mâts ayant la hauteur de la construction à édifier ; on scelle ces mâts dans le sol avec des pierrailles et du plâtre et on les réunit par des traverses horizontales et des croix de Saint-André

clouées ou boulonnées à la hauteur de chaque étage
(fig. 177).

Les matériaux sont montés dans l'intérieur de la
sapine par un treuil supérieur (fig.
178) ou par un treuil inférieur
(fig. 179 et 180) dont le câble passe
sur une poulie de renvoi placée
au sommet de la sapine.

On se sert aussi d'une grue ou
chèvre placée au sommet d'un
mur déjà construit. La *chèvre* dont
les charpentiers se servent fréquem-
ment pour lever les fermes et les
poutres est maintenue en arrière
par deux *haubans* et retenue en
avant par un *contre-hauban* ; cet
appareil est trop connu pour que
nous le décrivions ici. Quand on n'a
qu'une charge relativement faible à
lever, on peut remplacer la chèvre
par une *échelle haubannée*, c'est-à-
dire maintenue presque verticale
par trois
ou quatre
haubans
fixés à son
sommet
et ancrés

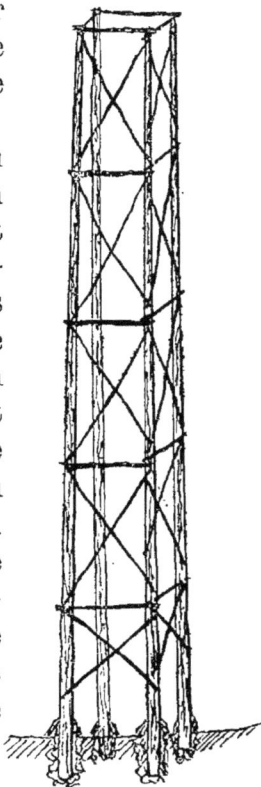

Fig. 177.

Fig. 178. — Treuil pour placer
au sommet des sapines.

dans le sol à distance convenable (la longueur de l'é-
chelle à partir de son pied).
On attache au sommet de
l'échelle un palan et l'on
peut lever ainsi des **pièces**
pesant plusieurs centaines de kilos.

Pour les édifices de grande importance, on emploie de *grands échafauds* qui sont de véritables charpentes assemblées avec des moises et des boulons de façon à en permettre le démontage et le déplacement rapides. On fait aussi usage d'échafaudages roulants sur rails en fer posés sur des traverses dans le sol. A Paris, depuis quelques années, quand on a un bâtiment important à construire,

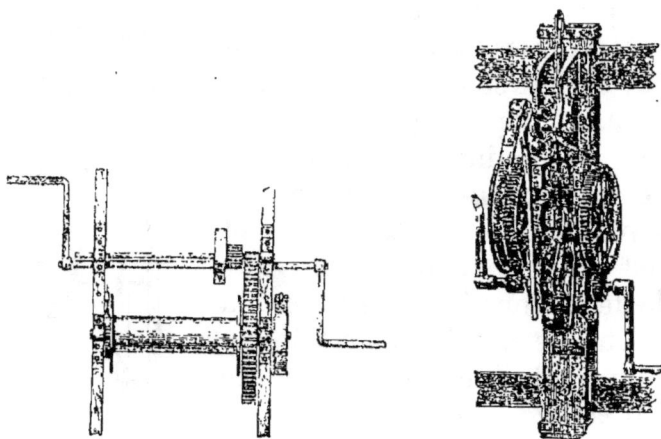

Fig. 179-180. — Treuils à simple engrenage et à double engrenage se fixant en bas des chèvres ou sapines.

on fait une énorme maison en bois avec baies vitrées, dans l'intérieur de laquelle on construit le bâtiment en maçonnerie avec sa charpente et sa toiture. On ne démolit cet abri provisoire que lorsque le bâtiment est terminé : ce procédé permet de travailler malgré le froid et les intempéries et d'exécuter très rapidement les travaux les plus considérables.

Ordonnance du Préfet de police concernant les échafaudages sur la voie publique à Paris (12 mai 1881).

Titre premier. — *Echafaudages fixes scellés ou non dans les murs de face.*

Article premier. — Tout échafaudage fixe, scellé ou non dans un mur de face, et portant sur le sol, aura ses planchers garnis de garde-corps sur les trois côtés faisant face au vide.

Art. 2. — Les planches placées en travers des boulins horizontaux pour former plancher, devront être posées jointives et être assez longues pour porter au moins sur 3 boulins.

Art. 3. — Les garde-corps auront 0 m. 90 de hauteur au moins ; ils seront ou pleins ou composés d'une traverse d'appui solidement fixée ; quand ils ne seront pas pleins, le plancher devra être entouré d'une plinthe ayant au minimum 0 m. 25 de hauteur.

Art. 4. — Tout échafaudage fixe dont la hauteur au-dessus du sol dépassera 6 mètres, sera muni d'un plancher de sûreté construit dans les conditions indiquées à l'article 2 ci-dessus et posé à 4 mètres environ au-dessus du sol de la rue.

Art. 5. — Partout où travailleront des ouvriers sur un échafaudage fixe, il sera disposé des toiles pour arrêter les poussières et empêcher la chute sur la voie publique des éclats de pierre ou de plâtre.

Titre II. — *Echafaudages fixes en bascule et en saillie sur le mur de face.*

Art. 6. — Les pièces posées en bascule pour recevoir

l'échafaudage seront de fort équarrissage, si elles sont en charpente ; de gros échantillons, si elles sont en fer. Elles recevront un plancher de madriers qui reposeront sur trois traverses au moins.

Les dispositions des articles 1, 2, 3 et 5 ci-dessus sont applicables aux échafaudages établis en bascule.

Art. 7. — Il est fait exception pour les échafaudages légers employés sur les toits. Toutefois, ces échafaudages devront également reposer sur 3 traverses fixées solidement aux parties résistantes de la construction et être munis, sur le côté faisant face au vide, d'un garde-corps et d'une plinthe disposée convenablement.

Titre III. — *Echafaudages mobiles ou fixes suspendus par des cordages.*

Art. 8. — Tout échafaudage mobile aura son plancher garni d'un garde-corps sur les 4 faces et sera suspendu par 3 cordages au moins.

Art. 9. — Le plancher, qu'il soit en métal ou en bois, sera composé de fortes pièces solidement assemblées.

Art. 10. — Les garde-corps seront composés d'une traverse d'appui posée à la hauteur de 0 m. 90 sur les 3 côtés faisant face au vide et de 0 m. 70 sur le côté faisant face à la construction. Cette traverse sera portée par des montants espacés de 1 m. 50 au plus et solidement fixés au plancher. En outre, il y aura par le bas une plinthe de 0 m. 25 de hauteur au moins.

Cet ensemble de plancher et de garde-corps, formant ce qu'on appelle *la cage*, devra être assemblé et rendu fixe dans toutes les parties avant la suspension.

Art. 11. — Les cordages de suspension s'adapteront à des étriers en fer passant sous le plancher, garnis en haut d'un crochet en spirale, et établis de manière à supporter par un épaulement externe la traverse supérieure du garde-corps.

Ils se manœuvreront par des moufles amarrées ou fixées aux parties résistantes de la construction, telles que murs pignons ou de refend, souches de cheminées, arbalétriers et pannes de combles, etc. Les chevrons, balcons, barres d'appui ou autres parties légères de la construction ne pourront, dans aucun cas, servir à cet usage.

Art. 12. — Les dispositions des articles 8 et 9 et paragraphe 1er de l'article 10 sont seuls applicables aux échafaudages fixes suspendus par des cordages.

Titre IV. — *Echafaudages métalliques roulants.*

Art. 13. — L'échafaudage roulant sur les barres d'appui de balcon sera en fer et ne pourra contenir qu'un seul ouvrier.

Il sera muni, sur le côté opposé au balcon, d'un garde-corps à une hauteur de 0 m. 50 et le siège en sera solidement fixé par l'armature.

***

Les *étaiements*, *étrésillonnements* et *chevalements* se font avec des boulins ou des morceaux de troncs de sapin nommés *étais* ou *étançons*, plus ou moins gros selon l'importance de la charge à soutenir, et avec des planches épaisses ou *couchis* et des *semelles* en madriers destinées à répartir la pression des étais sur une large surface du mur à soutenir et du sol. Les fig. 181

et 182 montrent l'étrésillonnement des parois d'une

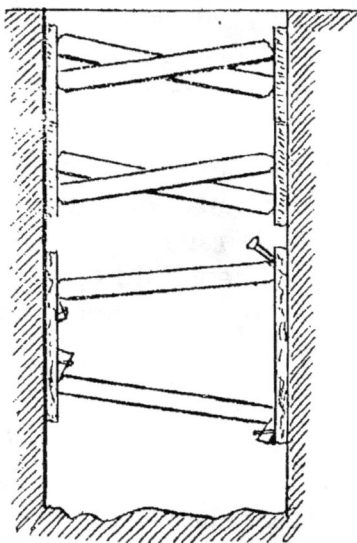

Fig. 181, — Etayage d'un talus de fouille.

fouille ; on force les étais avec une pince et on les
maintient en place avec des coins cloués ou avec des

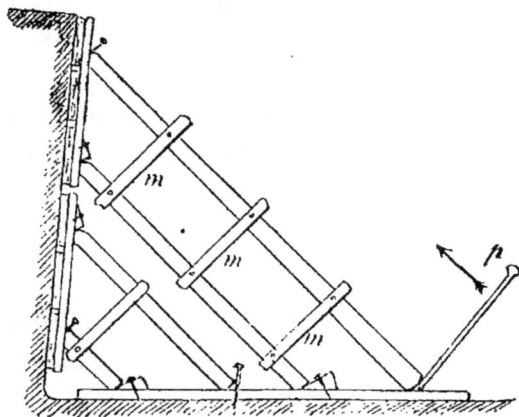

Fig. 182. — Etayage d'une tranchée.

broches en fer. On relie les étais entre eux avec des
moises pour leur donner plus de solidité. Les fig. 183

et 184 montrent l'étaiement d'un mur de bâtiment :
les pieds des étais reposent sur une large semelle ;
dans la fig. 184 une plate-forme en madriers est posée
sur le mur et la semelle est enfoncée en terre perpendiculairement aux étançons.

Pour faire les travaux en sous-œuvre, on pose sous
les planchers (fig. 185) et sous les murs (fig. 186) des
chevalements formés d'étais reposant sur des semelles

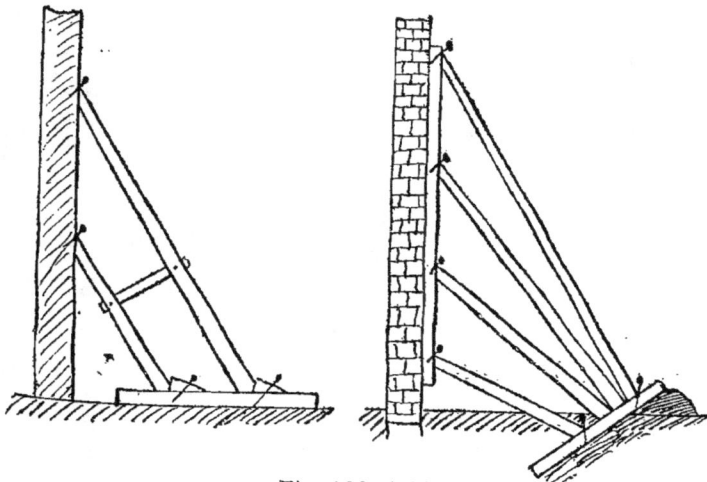

Fig. 183 et 184.

et supportant la charge par un *chapeau* qui peut être
une forte poutre si la charge est considérable. Les
étais sont calculés assez longs pour qu'ils puissent
être *forcés* à la pince dans une position presque verticale. Il est nécessaire, dans ces travaux en sous-
œuvre, *d'étrésillonner* les portes et les fenêtres comme
le montre la fig. 186 afin d'empêcher la dislocation
des murs.

Pour reconstruire un mur dans toute sa hauteur, on
étaie tous les planchers en faisant porter les étais les
uns au-dessus des autres, comme le montre la fig. 185.

Les *cintres* sont les formes en bois sur lesquelles

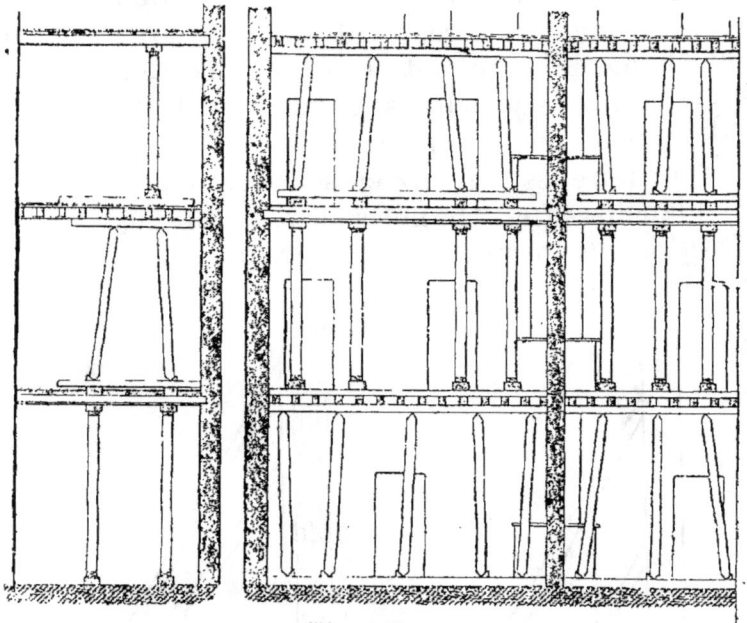

Fig. 185.

on construit les voûtes en maçonnerie ou en béton.

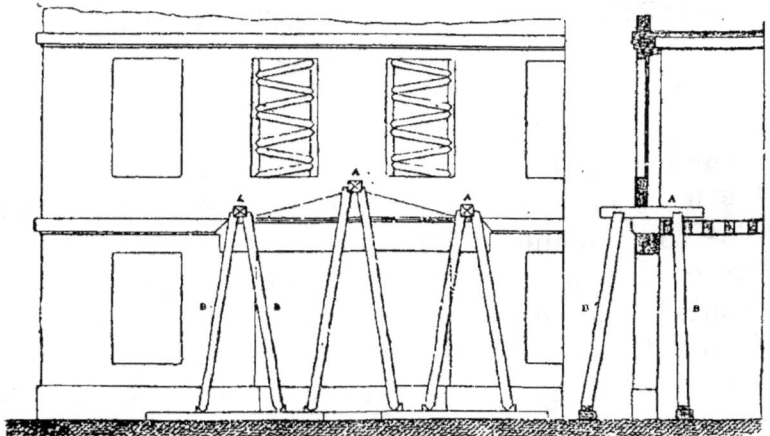

Fig. 186.

Pour les petites voûtes, on fait les cintres avec des
planches épaisses découpées à la courbure de la voûte

et clouées ensemble (fig. 187) ; ces planches se nomment les *veaux*. Sur les veaux assemblés, on cloue des planches, voliges ou madriers formant un *couchis* sur

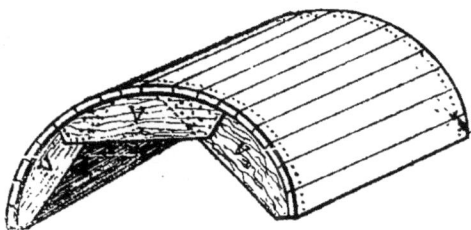

Fig. 187.

lequel sera construit la voûte. Les cintres sont droits, courbes, d'équerre, etc., selon la forme de la voûte et ses divers raccordements ; leur forme extérieure doit

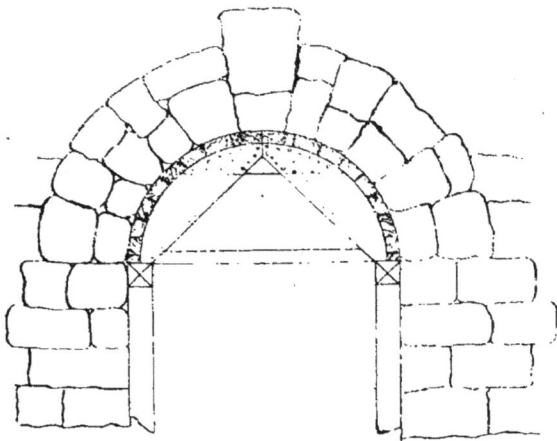

Fig. 188.

être exactement la forme intérieure de la voûte terminée. La solidité des cintres doit être suffisante pour supporter le poids des matériaux constituant la voûte.

La fig. 188 montre la manière de soutenir un petit cintre au moyen de piédroits formés d'étais ordinaires.

Les cintres pour les voûtes de grande portée d'églises, de ponts, de tunnels, etc., sont d'importants ouvrages de charpente présentant nécessairement une grande solidité et composés de poteaux, d'arba-

Fig. 189.

létriers, de moises, liernes, semelles, etc., réunis par des assemblages et des boulonnages démontables, de façon qu'autant que possible un même cintre puisse servir à la confection de toutes les voûtes semblables.

La fig. 189 montre un de ces cintres en charpente soutenant un couchis de madriers sous une voûte dissymétrique. Le *décintrage* des voûtes ne doit se faire que lorsque le mortier est suffisamment sec ; pour *décintrer une voûte*, on relâche peu à peu tous les étais soutenant les cintres en agissant sur eux avec une *pince* et non avec un marteau, ce qui ébranlerait inutilement la maçonnerie.

Quand il s'agit d'ouvrages très importants, on fait

reporter les étais des cintres sur des *vérins* ou sur des sacs de sable, ce qui facilite le décintrage et permet de le conduire très lentement et régulièrement, de façon que la voûte se tasse également et prenne progressivement son assise définitive.

CHAPITRE X

Manière de procéder pour la construction des Charpentes en général

La construction des charpentes comprend trois phases distinctes qu'il importe de bien exécuter pour obtenir un travail facile et bien fait ; ce sont :

1º Le dessin ou épure sur papier et le calcul des divers éléments de la charpente ;

2º L'épure en grandeur d'exécution sur une *aire* plane et horizontale ;

3º Le travail des bois sur l'aire, leur montage à pied d'œuvre, le levage et la mise en place.

Nous allons étudier successivement ces diverses opérations.

1º **Epure-dessin et calculs.** — Faites d'abord un croquis indiquant la forme du plancher ou du terrain à couvrir et l'emplacement des principales poutres ou fermes. S'il s'agit d'un plancher, déterminer l'emplacement des maîtresses poutres, des chevêtres, ainsi que les espacements les plus favorables à donner aux bois pour la beauté du travail en même temps que pour l'économie du cube de bois à employer. Voir à ce sujet ce qui est dit page 67. Ce premier travail étant fait, déterminer le poids approximatif du plancher (voir page 70) et la charge qu'il devra supporter. Avec ces éléments, vous pourrez calculer facilement la charge que supporteront chacune des maîtresses poutres et les solives de remplissage, ce qui vous permettra de calculer la section de ces poutres et solives, en tenant compte de leur longueur, selon ce qui est dit pages 27 et suivantes.

Ayant ainsi déterminé les dimensions des bois du plancher, faites une épure exacte sur papier à une échelle donnée.

L'échelle à laquelle on fait l'épure ne doit pas être prise au hasard : les plus commodes sont celles de 10 centimètres, 5 centimètres, 2 centimètres et 1 centimètre par mètre. On choisit l'une ou l'autre selon les dimensions de l'ouvrage qu'il s'agit de représenter et selon la grandeur des planches d'étude dont on dispose.

L'épure sur papier permet de juger exactement de l'ensemble du travail et de vérifier si les calculs sont corrects, si la répartition des bois est bonne et économique. Faites sur l'épure tous les changements et corrections que vous jugerez utiles, de façon que le travail soit définitivement arrêté sur le papier avant d'être donné aux ouvriers.

S'il s'agit d'une charpente de toiture, il y a plusieurs choses à considérer dans la confection du croquis et de l'épure. La forme des fermes, la pente des toits, le mode de triangulation des bois : tout ceci dépend de la *portée* dans œuvre, des conditions climatériques locales et de la charge imposée par la couverture et les planchers de greniers qui peuvent être supportés en partie par les fermes du toit.

Pour les petites portées de 1 à 12 mètres, on fait

les fermes des figures 121 et 122 ; pour les portées
de 10 à 20 mètres, on fait les fermes des figures 123 à
125 ou bien des fermes américaines représentées dans
les figures 127 à 140 ; enfin pour les grandes portées,
on fait des fermes de Polonceau à plusieurs contrefiches avec tirants en fer.

Il faut déterminer l'espacement des fermes, selon
la forme du terrain et la charge à supporter : cet espacement peut varier de 3 à 5 mètres ; il y a avantage
à ne pas trop espacer les fermes, ce qui permet d'employer des bois de moindre équarrissage pour les
pannes et faîtages.

Déterminez la charge que supportera chaque ferme
et qui est composée du poids de la charpente, plus le
poids de la couverture, plus le poids des planchers,
transmissions, marchandises, etc., que la ferme doit
recevoir. Il faut encore ajouter à ces charges les surcharges accidentelles du vent et de la neige. Nous
avons donné dans ce livre tous les éléments nécessaires à la détermination de ces poids par mètre carré
de surface couverte.

Connaissant la charge totale que supporte une
ferme, il faut maintenant déterminer la charge que
supporte chacun des éléments de la ferme.

Si la ferme repose sur deux poteaux, comme c'est le
cas dans les hangars, il est évident que chaque poteau
supporte la moitié de la charge totale, par compression.

L'arbalétrier d'un appentis supporte la charge
totale de la toiture : il est soumis à un effort de flexion
et à un effort de compression provenant de la tendance qu'a la toiture à glisser sur la pente du toit.
Si nous appelons P la charge totale, considérée comme
uniformément répartie sur toute la longueur de l'arbalétrier, la force qui tend à le rompre a pour expres-

sion $\frac{P}{2}$ cos α, (α étant l'angle de pente du toit), et la force qui tend à le comprimer est P sin α.

Ces deux formules permettent de calculer les dimensions de l'arbalétrier, en le considérant comme une poutre non encastrée et en appliquant les formules de la page 26. Il faut tenir compte dans le calcul des poteaux et arbalétriers des effets de *flambage* qui peuvent se produire sur les pièces très longues soumises à la compression (voir page 23).

On peut atténuer ces effets de flambage en réunissant les arbalétriers entre eux et au poinçon par des *moises* et en mettant des *liernes* ou bras de force entre les poteaux et les sablières et l'entrait.

Les arbalétriers d'une ferme à deux pentes supportent chacun la moitié de la charge totale en ce qui concerne l'effort de flexion, mais ils opèrent l'un sur l'autre un effort de compression de sorte que la formule applicable devient pour l'effort de flexion.

$$\frac{P}{4} \cos \alpha$$

P étant la charge totale de la toiture.

Les arbalétriers exercent l'un sur l'autre une poussée dont la valeur est $\dfrac{P \cos \alpha}{2 \sin \alpha}$. Cette poussée, dont l'importance devient considérable dans le cas des toits à très faible pente, se reporte sur l'entrait qu'elle tend à rompre avec une force $\dfrac{P \cos^2 \alpha}{2 \sin \alpha}$; P étant la charge totale supportée par chaque ferme du comble.

L'entrait est soumis à un effort de flexion provenant de son propre poids et des charges qu'il peut recevoir d'un plancher, de marchandises, transmissions, etc. Il doit être considéré comme une poutre non encastrée (voir page 26) au point de vue de la flexion. Mais il supporte en outre un effort de traction provenant de la compression des arbalétriers dont la composante horizontale a pour expression les formules ci-dessus.

Le poinçon est soumis à un effort de traction provenant de l'appui des liernes qui soutiennent les arbalétriers, du soutien du poids de l'entrait et des charges que celui-ci peut recevoir. Remarquons en passant que dans le cas d'un entrait portant plancher, la charge de ce plancher se reporte, par l'intermédiaire du poinçon, sur les deux arbalétriers et qu'il y a lieu d'ajouter la moitié de cette charge à la charge totale de la toiture pour le calcul des arbalétriers. L'effort de traction imposé au poinçon peut être évalué à la moitié de la charge de l'entrait plus le quart de la charge totale des arbalétriers.

Le calcul de l'effort de traction d'une moise se fait comme celui de l'entrait ordinaire.

Un *entrait retroussé*, soutenu par des jambettes et des blochets, se calcule de même, car il ne supporte plus qu'une partie de la traction imposée par la tendance d'écartement des arbalétriers (fig. 124), mais, dans les charpentes légères, on fait quelquefois emploi d'un entrait retroussé, moisé, non soutenu par des aisseliers, bras de force et blochets ; en ce cas, il est bien évident que plus on rapproche cet entrait retroussé du faîtage plus l'effort de traction qu'il subit augmente. Il faut donc multiplier l'expression ci-dessus, $\dfrac{P.}{2}\dfrac{\cos^2 \alpha}{\sin \alpha}$ par le rapport $\dfrac{L}{l}$, L étant la longueur totale de l'arbalétrier et l la distance du faîtage au point d'attache de l'entrait sur l'arbalétrier. Disons de suite que cette forme de charpente est défectueuse, car elle laisse l'arbalétrier soumis à un effort de rupture au point d'attache de l'entrait.

Dans les explications qui précèdent, nous avons envisagé seulement les cas élémentaires les plus fréquents et simplifié autant que possible les formules ; nous donnons ci-après les valeurs des sinus et cosinus pour les angles de pente usuels de 10 à 70 degrés.

Degrés	sinus	cosinus
10	0,17	0,98
15	0,26	0,96
20	0,34	0,94
25	0,42	0,90
30	0,50	0,86
35	0,57	0,82
40	0,64	0,76
45	0,70	0,70
50	0,76	0,64
55	0,82	0,57
60	0,86	0,50
65	0,90	0,42
70	0,94	0,34

Dans le calcul des combles à la Mansard, la partie supérieure ou faux comble se calcule comme un comble composé de deux arbalétriers et d'un entrait ; les jambettes sont considérées comme travaillant simplement à la compression et supportant chacune la moitié de la charge totale du comble.

Les calculs des fermes de Polonceau et des fermes anglaises ou américaines sont des opérations assez compliquées lorsque l'on veut les faire avec une exactitude rigoureuse. Nous prions nos lecteurs de consulter à cet égard l'*Aide-mémoire de l'Ingénieur* de Barré et Vigreux ; mais il est cependant facile de calculer approximativement les charges supportées par les divers éléments des fermes de Polonceau en les considérant comme des combles à entrait retroussé et en appliquant aux arbalétriers et à l'entrait retroussé de ces combles les formules simples que nous avons données précédemment. Quant aux tirants qui soutiennent les arbalétriers par l'intermédiaire des contrefiches soumises à la compression, on peut assimiler cet ensemble à une poutre armée dont nous donnons ci-après le calcul.

Calcul d'une poutre armée. — Si nous considérons une poutre armée (fig. 67), le poinçon p est soumis à une compression que l'on peut évaluer à $\dfrac{P}{2}$ en supposant qu'il supporte tout l'effort de flexion imposé à la poutre qu'il soutient. Les tirants subissent chacun un effort de traction égal à $\dfrac{P}{4 \sin. \alpha}$, α étant l'angle que fait le tirant avec la poutre.

***

M. L. A. Barré a publié dans la *Semaine des Constructeurs* un système de calcul très simple pour les fermes des combles ordinaires, nous le reproduisons ci-après :

Prenons l'exemple d'une ferme aussi simple que possible (fig. 190), formée de deux arbalétriers, d'un entrait ou tirant, d'un poinçon et de contrefiches soulageant les arbalétriers, et déterminons les efforts des diverses pièces de cette ferme.

Effort d'extension de l'entrait. — L'entrait AM maintient l'écartement des pieds des arbalétriers, comme le ferait une corde tendue. Si l'on supprimait cet entrait, il faudrait, pour maintenir l'écartement des arbalétriers, exercer, sur le pied A, un effort T de sens *f*. Il en résulte que l'effort moléculaire de l'entrait AM sur le point d'attache A est nécessairement de sens *f*. Mais il faut bien remarquer que l'entrait se compose de deux tronçons : l'un AM, dans la demi-ferme de gauche, et l'autre dans la demi-ferme de droite, non représentée dans la figure. Le premier tronçon AM subit une extension T, entre ses deux extrémités A et M ; ce qui veut dire que ce tronçon exerce une traction dans le sens *f*, de A vers M et aussi M subit une traction égale dans le sens *f*, de M vers A.

Dans la demi-ferme de droite, on appliquerait les mêmes considérations au second tronçon de l'entrait.

Effort de compression. — L'arbalétrier CA, chargé

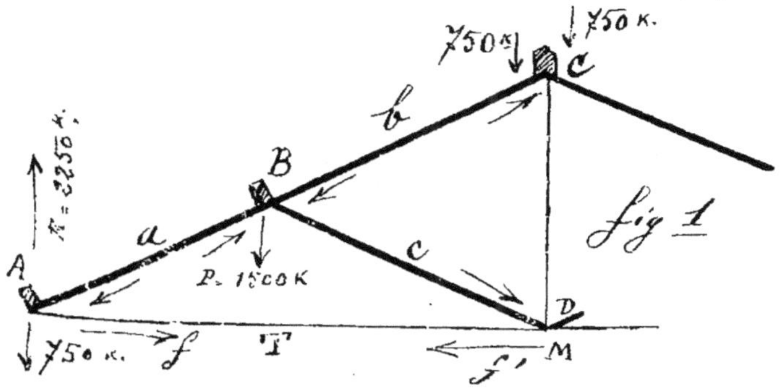

Fig. 190.

par les pannes A, B, C, tend à se comprimer entre ses deux extrémités A et C ; mais il est essentiel de remarquer que l'arbalétrier est formé de deux tronçons AB, BC. Le premier tronçon AB est soumis à un effort de compression *a* entre ses deux extrémités. Ce qui doit être interprété ainsi : le tronçon AB exerce en A une pression *a* dans le sens AB, et en B, une autre réaction de sens contraire, de A vers B. Le second tronçon BC subit de même une compression *b* entre ses extrémités.

La contrefiche BD subit un effort de compression entre ses deux extrémités, par la raison que si on supprimait cette pièce, il faudrait, pour maintenir l'équilibre des points B, D, y appliquer des forces dans les sens indiqués par les flèches.

En résumé, au point de vue graphique, l'effort de compression d'une pièce BA sur l'extrémité A, est dirigé vers ce point A, tandis qu'un effort d'extension T de l'entrait AM par rapport au même point A, tend à s'éloigner de A. Il est facile de vérifier le sens des flèches pour le point B.

Détermination des efforts. — Nous admettrons que les pannes soient chargées comme l'indique la figure 190 ; savoir :

<pre>
750k sur la panne A
1500   »   B
750 en C pour la demi-ferme
</pre>

La demi-ferme pèse 3.000 kilog. La réaction verticale est égale au poids total 3.000 kilog. On doit en retrancher le poids 750 kilog., appliqué en A ; on a donc pour la réaction effective :

$$R = 3000 - 750 = 2250 \text{ k.}$$

Le point d'appui A de la ferme est soumis aux trois forces :

R la réaction verticale de l'appui A ;
a la compression de l'arbalétrier en A ;
T l'extension de l'entrait.

On exprime que ces forces sont en équilibre en construisant (fig. 191) un triangle dont les côtés sont parallèles aux trois directions R, *a* et T. On connaît R = 2250 kilog. ; le tracé fait connaître la traction T = 3700 kilog. sur l'entrait AM, et la compression *a* = 4500 kilog. au pied A de l'arbalétrier. On peut vérifier qu'en parcourant le périmètre du triangle dans le sens connu de la réaction R, le triangle se ferme (1). Les sens des côtés T et *a* de ce triangle, reportés sur la figure 190, montrent que T est un effort de traction et *a* un effort de compression.

Équilibre du point B. — Ce point est soumis à l'action de quatre forces :

Poids de la panne...... P = 1500k
Compression de AB.... *a* = 4500k
Compression *b* de CB
Compression *c* de la contrefiche.

Le diagramme de ces quatre forces est un quadrilatère (fig. 192), dont les côtés sont parallèles aux direc-

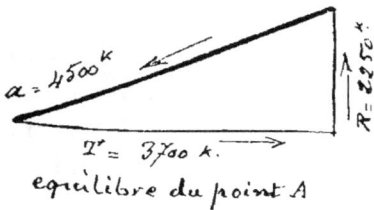

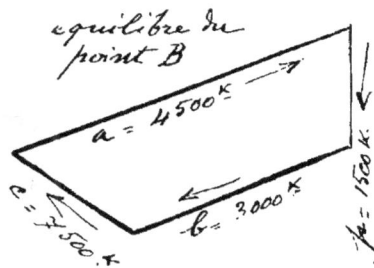

Fig. 191.   Fig. 192.

tions de ces forces. On tracera donc *a* = 4500 kilog. ; puis P = 1500 kilog. ; le tracé s'achève en menant des parallèles à l'arbalétrier et à la contrefiche et donne *b* = 3000 kilog. ; *c* = 1600 kilog. On remarque qu'en parcourant le périmètre de la figure dans un même sens donné par P, le quadrilatère se ferme et les différents sens des côtés, rapportés au point B (fig. 190), permettent de vérifier que *b* et *c* sont des efforts de compression.

---

(1) En général, si des forces appliquées en un point sont en équilibre, le polygone formé par des droites parallèles et proportionnelles à ces forces, et de même sens, se ferme de lui-même.

9

Dans les diagrammes, les efforts de compression sont marqués en traits forts, les efforts d'extension et les charges verticales en traits fins.

**

Epaisseurs relatives des bois. — Ayant calculé les équarrissages des bois et la section des fers d'après les données ci-dessus, il faut tenir compte des assemblages qu'ils doivent recevoir et qui nécessitent d'y pratiquer des entailles, édentures, embrèvements, mortaises, etc. On sera conduit ainsi à renforcer certaines pièces particulièrement obligées à recevoir beaucoup d'assemblages : tels sont le poinçon qui reçoit l'assemblage des arbalétriers, des liernes et les entailles pour les moises formant tirants ou entraits. Le poinçon doit donc avoir une épaisseur au moins égale à celle des arbalétriers. Les poteaux qui reçoivent l'entrait, les blochets, les liernes d'assemblage à l'entrait et aux sablières doivent être aussi renforcés en conséquence.

La prévision des équarrissages des bois d'un comble est donc une opération qui demande non seulement des calculs, mais encore une grande expérience de la part du charpentier.

2º **Epure en grandeur d'exécution. Tracé des bois.** —

Pour couper exactement les pièces de bois à la longueur et suivant les angles nécessaires et pour tracer les tenons et mortaises dans la forme et la direction convenables, il faut faire une épure en grandeur d'exécution sur un terrain horizontal appelé *aire*.

L'aire du charpentier se fait en creusant une *forme* d'environ 15 à 20 centimètres de profondeur et d'une surface suffisante pour recevoir à plat les plus grandes charpentes dont on peut prévoir la construction ; on remplit cette forme avec des plâtras que l'on pilonne en les humectant d'eau ; on peut avantageusement y ajouter du mâchefer ; on obtient ainsi un sol parfaitement uni et horizontal sur lequel on trace, au cordeau, frotté de blanc d'Espagne, les lignes des charpentes à exécuter. Les traits blancs ainsi marqués légèrement s'effacent facilement ensuite par un simple coup de balai-brosse. Une aire en plâtras ou en terre battue est plus commode qu'une aire en ciment, cette dernière ne permettant pas d'y planter des clous ou piquets. Si l'on ne veut pas prendre la peine de construire une aire en plâtras ou en ciment, on peut faire l'épure de la charpente sur un terrain uni et damé dans lequel on plante de petits piquets aux angles d'assemblage des pièces de bois. Entre ces piquets on tend des ficelles qui marquent, par leurs intersections, les coupes des bois et la direction des tenons et mortaises. Ce procédé n'est employé que lorsqu'on ne fait qu'accidentellement une charpente ; tous les charpentiers de profession préparent une aire pour leurs épures en grandeur.

Quand cette épure est tracée sur le sol avec la plus grande exactitude possible, on apporte les pièces de bois que l'on place sur l'épure à l'endroit qu'elles doivent occuper dans la charpente terminée. On reporte les lignes des coupes au moyen du fil à plomb, de l'équerre, de la fausse équerre et du compas, sur la pièce de bois ; on y dessine exactement les tenons, les mortaises et les embrèvements ou entailles qu'il faudra y pratiquer pour l'assemblage avec les pièces de bois voisines. Pour faire ce travail de traçage des bois, on pose les pièces de bois sur des cales d'épaisseur uniforme, des morceaux de chevrons, par exemple. Ceci permet de voir les traits de l'épure sous la pièce de bois et de bien régler le fil à plomb.

Au fur et à mesure que les bois sont ainsi tracés sur l'épure, on les coupe de longueur et on y pratique les tenons, mortaises ou entailles. Quand toutes les pièces de bois de la charpente sont travaillées, on les assemble au-dessus de l'épure qu'elles doivent recouvrir très exactement. On perce alors les trous destinés à recevoir les boulons, chevilles ou enlaçures qui doivent fixer les tenons dans les mortaises. Ces trous se font avec la tarière ou *laceret* et avec le vilebrequin.

Il faut alors repérer les pièces de bois qui viendront de nouveau s'assembler dans le bâtiment ; ce repérage se fait à l'aide de chiffres romains ou arabes, de lettres ou signes conventionnels tracés à la *rouanne* ou à la craie rouge sur les pièces de bois ; le même signe est répété sur les deux morceaux de bois qui doivent s'assembler. On démonte alors la charpente avec le plus grand soin et on empile les divers morceaux dans un ordre favorable pour retrouver ensuite facilement les pièces qui vont ensemble. On peut alors transporter les bois à pied d'œuvre où le montage définitif sera fait.

Montage des planchers. — Les planchers se posent généralement au fur et à mesure que les murs sont arasés à la hauteur d'un étage. On commence par mettre en place les maîtresses poutres que l'on appuie sur les larges pierres posées dans le mur au droit de chaque poutre. On cale de niveau au moyen de fers plats ou de planches en chêne. Ensuite on pose les solives de remplissage, les chevêtres, etc.

Chaque chevêtre doit être consolidé par des étriers ; les poutres et solives sont isolées dans la maçonnerie, comme il a été dit page 63, de façon que l'about de chaque pièce de bois soit aéré ou en tout cas, protégé du contact du mortier de chaux. Toutes les ferrures sont peintes au minium de plomb, sauf celles qui doivent être enrobées dans du ciment ou mortier de chaux, car la peinture empêcherait ce mortier d'adhérer au fer. Après le montage des solives de remplissage, on règle tout le plancher de niveau avec des cales en bois dur aux endroits voulus et il ne reste plus à faire que le plafonnage et le parquetage dont nous traiterons dans un autre volume.

Epreuve des planchers. — Lorsqu'un plancher est destiné à recevoir de lourdes charges, on le soumet à une épreuve qui consiste à le charger avec des sacs de sable, pavés ou autres matériaux, d'un poids égal ou supérieur à celui qu'il devra supporter en service. On observe la flexion que subit le plancher sous la charge au moyen d'une règle fixée verticalement sous chaque poutre principale; après déchargement du plancher, les poutres doivent revenir dans leur position primitive, ce qui prouve que la charge n'en a pas altéré l'élasticité. Les cahiers des charges indiquent souvent quelle *flèche* doit être tolérée sous l'effort du chargement du plancher. Les épreuves des ponts et ouvrages d'art se font d'une manière analogue, mais en employant des instruments de précision pour indiquer et même enregistrer les flexions des poutres ou voûtes.

Chaînages. — Les chaînages des planchers sont posés en même temps que le plancher lui-même ; les barres de fer sont placées soit entre les poutres, soit perpendiculairement et, en ce cas, elles traversent les poutres dans des trous percés au milieu de chaque poutre, c'est-à-dire dans la partie du bois qui n'est soumise à aucun effort de traction ou de compression (fibres neutres).

Montage des combles. — Les bois destinés à la construction des fermes sont assemblés à pied d'œuvre à

la place même qu'ils doivent occuper définitivement.
Une *chèvre* est installée dans la ligne même du plan de
chaque ferme, mais un peu en arrière de cette ligne,
de façon que le levage de la ferme puisse se faire avec
la chèvre presque verticale. Une fois que la chèvre est
solidement *haubannée* par deux haubans en arrière et
un hauban en avant (corde mise en retrait), on
amarre le câble du treuil au milieu de la ferme à lever,
de façon que celle-ci soit enlevée un peu au-dessus de son
centre de gravité. On agit sur le treuil de façon à lever
la ferme d'abord verticalement et ensuite au-dessus des
dés ou appuis des murs sur lesquels elle doit reposer.
On peut facilement déplacer latéralement la chèvre en
la *ripant* avec des leviers ou boulins, de façon à amener
les pieds de la charpente juste sur les appuis. Quand
cette position est obtenue, on mollit légèrement le câble du treuil et la charpente vient reposer sur ses appuis de maçonnerie. On réunit alors la ferme aux
murs, pignons, ou aux autres fermes, au moyen d'un
faîtage, puis des pannes et sablières. Si la ferme doit
rester isolée, on la *haubanne* avec des cordages, de
chaque côté, de manière à la maintenir verticalement,
ce qui permet d'enlever la chèvre et de procéder au
levage des autres fermes.

Pour le levage des charpentes légères, on emploie
souvent une forte échelle que l'on maintient verticalement au moyen de haubans fixés en avant et en arrière du pied de l'échelle : deux haubans en barrière,
et un en avant, amarrés selon les trois angles d'un
triangle équilatéral, donnant un bon fixage de l'é-
chelle. On amarre au sommet de l'échelle un fort palan
ou moufle et l'on procède au levage de la ferme comme
avec une chèvre.

Réglage. — Une fois que toutes les fermes du comble sont dressées et consolidées entre elles par les faî-

tages, pannes et sablières, on procède au *réglage* de la charpente, c'est-à-dire que l'on cale toutes les fermes à la même hauteur et que l'on aligne les poteaux ou poinçons, de façon que les divers plans déterminés par le comble soient bien corrects, que les pannes et sablières soient horizontales, etc.

On procède ensuite au chevronnage et au lattage destiné à recevoir la couverture.

Chêneaux et gouttières. — Les chêneaux se posent sur un caissage en planches épaisses de 3 à 4 centimètres nommé *fond de chêneau.* Ce fond de chêneau repose sur le prolongement des entraits ou des blochets et en avant des sablières ; ces dernières peuvent constituer un des côtés du caissage de fond de chêneau.

Ferrures. — Quand le montage de la charpente est terminé, on resserre tous les boulons d'assemblage des bois et les chaînages s'il y en a. Les calages des poteaux sur dés en pierres doivent être faits avec des épaisseurs de fer plat peint au minium de plomb.

Construction des combles dans Paris.

(*Extrait du Règlement du 23 juillet* 1884.)

Des combles au-dessus des façades. — Art. 9. — Pour les bâtiments construits en bordure des voies publiques, le profil du comble, tant sur les façades que sur les ailes, ne peut dépasser un arc de cercle dont le rayon sera égal à la moitié de la largeur légale ou effective de la voie publique, ainsi qu'il est dit à l'article 1er (1) , sans toutefois que ce rayon puisse être jamais supérieur à 8 m. 50. Si la largeur de la voie est inférieure à 10 mètres, le constructeur aura cependant droit à un rayon minimum de 5 mètres. Quelles que soient la forme et la hauteur du comble, toutes les saillies qu'il pourrait présenter devront être renfermées dans l'arc de cercle considéré comme un gabarit dont on ne devra pas sortir.

Le point de départ de l'arc de cercle sera placé à l'aplomb de l'alignement des murs de face et le centre à la hauteur légale du bâtiment, telle qu'elle est déterminée par l'article 1er.

Art. 10. — Les dispositions de l'article 9, sauf en ce qui concerne la détermination du rayon du comble, sont applicables :

1o Aux bâtiments construits en retrait des voies publiques ;

2o Aux bâtiments situés en bordure des voies privées, des passages, impasses, cités et autres espaces intérieurs.

Dans ces cas, le rayon du comble sera calculé d'après la largeur moyenne de l'espace libre au droit de la façade du bâtiment et égal à la moitié de cette largeur, dans les conditions déterminées par l'article 9.

Toutefois, les cages d'escaliers pratiquées sur les cours pourront sortir du périmètre indiqué ci-dessus, de manière à pouvoir s'élever jusqu'au plafond du dernier étage desservi par les derniers escaliers.

Art. 11. — Pour les constructions situées à l'angle des voies publiques d'inégales largeurs, le comble pour bâtiment en façade sur la voie publique la plus large sera déterminé d'après les bases indiquées à l'article 9 et pourra être retourné avec les mêmes dimensions sur toute la partie du bâtiment en façade sur la voie la plus étroite dans les limites déterminées par l'article 3.

ROUCQUER

PROBLÈMES
Sur l'Art du Trait de ...

Cartier dépar...

vol. in 18, cart, toile, avec 84 pl. ...

LETTRES SUR LA CONSTRUCTION DE ...

de la résistance ...

vol. in 4, cart ...

FABRICATION
DU CIMENT

Chaux hydrauliques. — Ciments ...
ment Portland. — Ciments de La ...
Ciments Pozzolaniques. — Mou...
... économiques. — Moy...
... Prix de fabrique. — ...
... de la fabrica ...

Par

COLLET ...
(Mem. de ...)

beau vol. gr. in 8, broché, ...
fig. texte et 3 planches hors te ...

... de ...

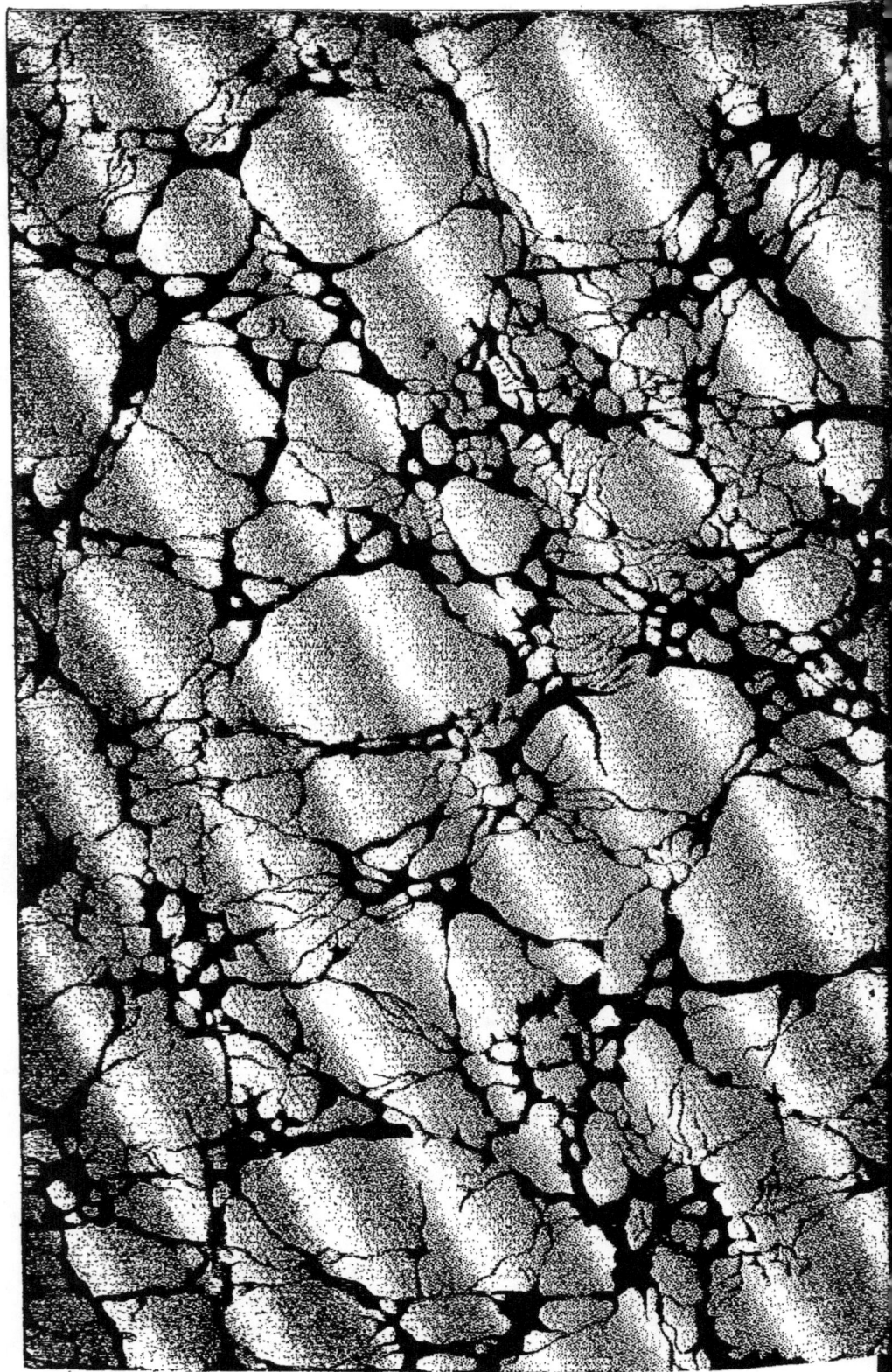

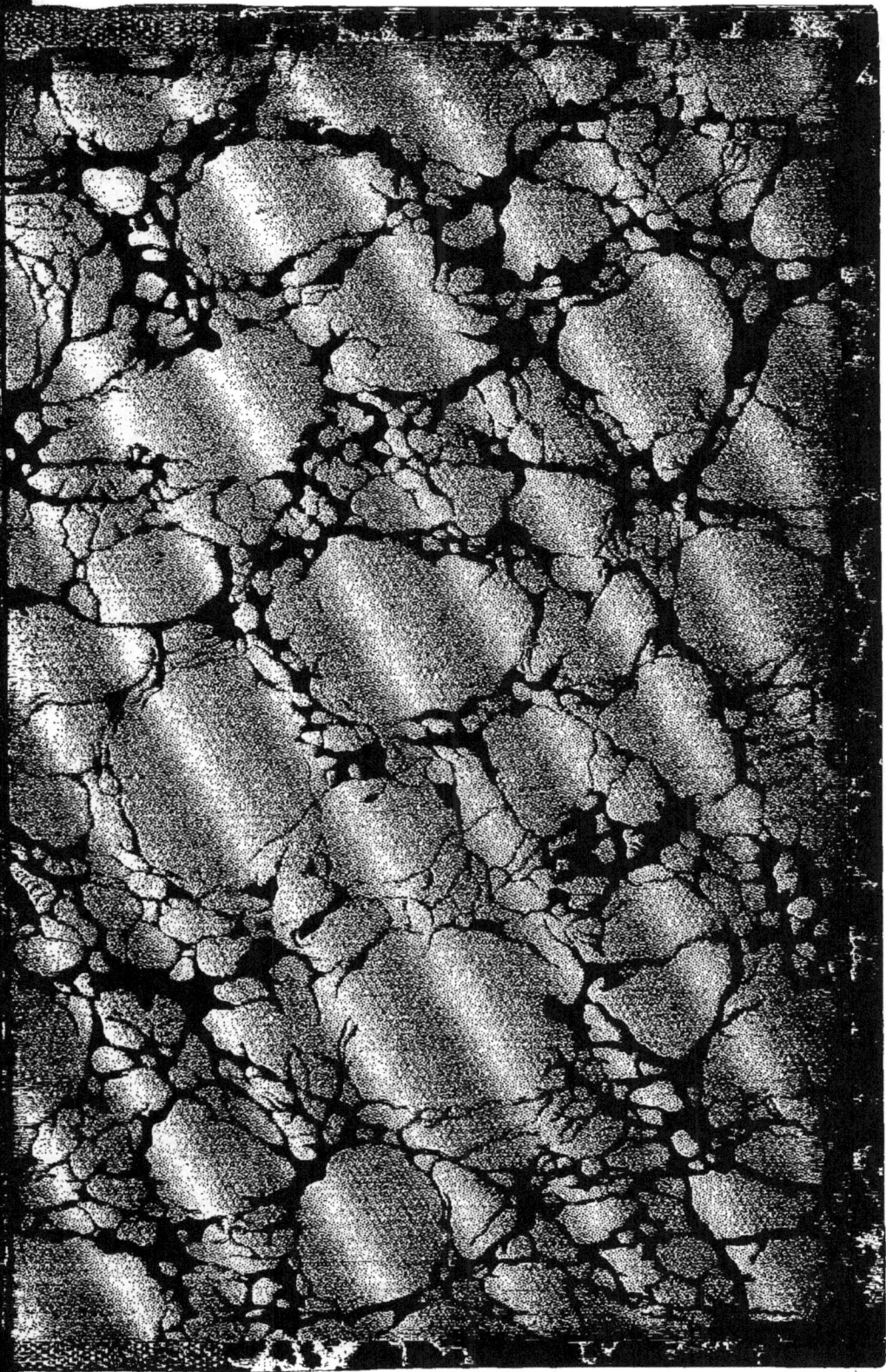

www.ingramcontent.com/pod-product-compliance
Lightning Source LLC
Chambersburg PA
CBHW071902200326
41519CB00016B/4483